Andreas G. Harm

55 Stundeneinstiege Chemie

einfach, kreativ, motivierend

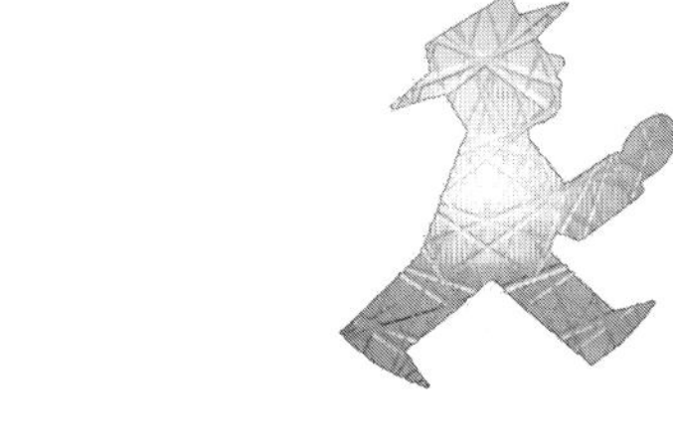

Bildquelle:

S. 49: Tiberius Münze © http://www.cngcoins.com; https://wikipedia.org/wiki/Datei:Tiberius%26Livia_Aureus.jpg (26.09.20018) cc-by-sa 2.5/3.0; GNU 1.2

Gedruckt auf umweltbewusst gefertigtem, chlorfrei gebleichtem und alterungsbeständigem Papier.

3. Auflage 2018
Nach den seit 2006 amtlich gültigen Regelungen der Rechtschreibung

Illustrationen: Corina Beurenmeister, Steffen Jähde, Thorsten Trantow, Bettina Weyland
Satz: krauß-verlagsservice, Ederheim / Hürnheim
Druck und Bindung: Franz X. Stückle Druck und Verlag, Ettenheim
ISBN 978-3-403-**07404**-5

www.auer-verlag.de

Einstiege

Haben Sie schon einmal eine Kanutour unternommen? Dann können Sie sich sicher an die sensible Phase des Einstiegs in das Boot erinnern. Und an die Überlegungen: Wo ließe sich am besten einsteigen? Vor allem aber: Wie gelingt es, trockenen Fußes? Ähnlich ist es mit Stundeneinstiegen. Wohlüberlegt haben Sie eine Tour durch die wilden Gewässer des Unterrichts geplant und wissen, dass der Einstieg oft darüber entscheidet, wie diese Tour verläuft. Wollen Sie als Lehrkraft eher Lenkungsaufgaben übernehmen oder den Unterricht von Anfang an zügig voranbringen – wie durch kräftige Ruderschläge im Boot? Oder wählen Sie vorrangig motivierende, antreibende, diszipinierende Rollen – wie in Ruderbooten mit Steuermann? Der überlegte Einstieg in den Unterricht prägt die Schüler- und Lehrerrollen entscheidend mit.
Die in diesem Band vorgestellten Stundeneinstiege spiegeln unterschiedliche didaktische Funktionen und sprechen die Schüler[1] affektiv, kognitiv und psychomotorisch an. Sie geben Orientierung für den weiteren Unterrichtsablauf und weisen Ziele auf, führen an zentrale Anliegen und Problemstellungen heran und knüpfen an Erfahrungen und Vorwissen der Schüler an. Durch spannungsaufbauende Elemente wird die Neugier der Schüler geweckt und das Interesse auf eine Thematik fokussiert. Setzen Sie sich aber nicht unter Druck – Stundeneinstiege sollen helfen, geben aber keine Garantie für erfolgreichen Unterricht. Um beim Bild der Kanutour zu bleiben: Es gibt immer wieder Gegenströmungen, Stromschnellen und Wellen, die das Boot ins Schlingern bringen können. Geben Sie sich einfach Raum, sensibel und spontan auf unterrichtsbegleitende Gegebenheiten und Verfassungen der Schüler einzugehen.

Der Aufbau der Handreichung

Die 55 Stundeneinstiege sind nach folgenden didaktisch-methodischen Schwerpunkten gegliedert:

Im Kapitel 1 „Chemie im Alltag" finden Sie Themen, die einen direkten Anknüpfungspunkt an die Lebenswelt und Alltagserfahrungen der Schüler bieten.

Im Kapitel 2 „Wiederholung von Grundwissen" geht es darum, Anknüpfungspunkte an das Grundwissen der Schüler zu nutzen, um in Vertiefungsphasen einzusteigen.

Im Kapitel 3 „Argumentation/Hypothesenbildung" fordern die Stundeneinstiege zur Bildung von Meinungen und Vermutungen heraus.

[1] Aufgrund der besseren Lesbarkeit ist in diesem Buch mit Schüler auch immer Schülerin gemeint, ebenso verhält es sich mit Lehrer und Lehrerin etc."

Im Kapitel 4 „Versuche und Versuchsaufbauten" dienen die Einstiege der Fokussierung auf Experimente.

Im Kapitel 5 „Medien" steht der Einsatz unterschiedlichster Medien im Zentrum des Stundeneinstiegs.

Das Kapitel 6 „Spiele" nutzt den hohen motivationalen Faktor eines Spiels als Stundeneinstieg.

Eine übersichtliche Darstellung aller 55 Stundeneinstiege finden Sie zudem in der alphabetischen Auflistung am Ende des Buches (Index), verbunden mit Informationen zu weiteren Einsatzmöglichkeiten.

Für bestimmte, wiederkehrende Begriffe wurden zur besseren Orientierung Icons verwendet:

1. = Dauer
2. = Voraussetzungen
3. = Material
4. = Leitfrage/Leitaussage

Die angegebene **Zeit** dient nur der groben Orientierung. Individuelle Bedürfnisse und Zielorientierung sollten vorrangig berücksichtigt werden.

Hinsichtlich der **Voraussetzungen** kristallisieren sich zwei Schwerpunkte heraus: Für wiederholende und vertiefende Einstiege werden Grundkenntnisse von Fachbegriffen und Zusammenhängen zugrunde gelegt. Für Einstiege mit überwiegend motivationalem, zielführendem oder problemformulierendem Ansatz sind hingegen keine bestimmten Vorkenntnisse erforderlich.

Das benötigte **Material** finden Sie jeweils stichpunktartig aufgeführt. Es empfiehlt sich, sukzessive eine Materialsammlung anzulegen, auf die Sie bei den unterschiedlichen Themen der Chemie zurückgreifen können.

Die aufgeführte **Leitfrage** soll eine erste Zielorientierung geben. Beim naturwissenschaftlichen Arbeiten werden schließlich Probleme, Fragen und Herausforderungen gelöst. Manche der Leitfragen sind allgemein gehalten. Dann sollten Sie für Ihren Unterricht und zur Hinführung an die Thematik zudem eine spezifische Leitfrage stellen, die im Laufe des Unterrichts beantwortet wird.

Die schrittweise Beschreibung der **Durchführung** ermöglicht ein leichtes Planen und Umsetzen der Einstiege. **Beispiele** und Zeichnungen unterstützen Sie bei der praktischen Gestaltung.

Weitergehende Informationen, Alternativen oder Varianten sowie Tipps und Literaturempfehlungen finden Sie in den **Hinweisen**.

Viel Freude und gute Erfahrungen mit den vorliegenden Unterrichtseinstiegen!

Grundwissen aus unterschiedlichen Themengebieten

Zettel und Stift pro Schüler

Chemie begegnet mir in meinem Alltag

Durchführung:

- Jede Zeile auf dem Zettel erhält einen Buchstaben – gemäß der Reihenfolge des ABC.
- Die Schüler ordnen jedem Anfangsbuchstaben einen Gegenstand oder Stoff aus ihrem Alltag zu.
- In Klammern setzen die Schüler die chemischen Bestandteile des Gegenstandes bzw. Stoffes (Chemikalie/Element).
- In Partnerarbeit oder in der Kleingruppe werden die Begriffe verglichen. Der Lehrer steht als Berater bereit.
- Wer nach einer vereinbarten Zeit die meisten Begriffe und Chemikalien/ Elemente notiert hat, gewinnt und wird evtl. prämiert.

Beispiele:

- A: Abflussreiniger (Natriumhydroxid)
- B: Brause (Natriumhydrogencarbonat, Weinsäure, Zucker u. a.)
- C: Cola (Phosphorsäure, Kohlensäure, Zucker u. a.)
- D: Duschgel (Tenside, Duftstoffe u. a.)
- E: Eisennagel (Eisen)
- F: Fahrrad (Aluminium u. a.)

Weitere Hinweise:

Es bieten sich Einsatzmöglichkeiten zu folgenden Themenkreisen an:

- Stoffe aus dem Alltag
- Berufe mit Nennung von Chemikalien, mit denen umgegangen wird
- Chemische Elemente
- Chemische Verbindungen

Andreas G. Harm: 55 Stundeneinstiege Chemie

keine besonderen Voraussetzungen

Medieneinsatz je nach Phänomen

Welche Hilfen gibt die Chemie im Alltag?

Durchführung:

- Lehrervortrag in Form einer Erzählung, durch Bildimpuls oder Realienvorstellung. Dabei wird ein beobachtetes Alltagsphänomen beschrieben.
- Im Unterrichtsgespräch wird eine Aufgabe für die Stunde bzw. mögliche Hilfeleistungen der Chemie zum Alltagsphänomen diskutiert.

Beispiele:

Ein Brausepäckchen wird gezeigt. (Sofern nicht im Fachraum unterrichtet wird, können die Schüler auch Brausestückchen essen und selbst ihre Sinneseindrücke mitteilen.) Brause verursacht ein Prickeln im Mund. Was könnte die Ursache dafür sein?

Weitere Hinweise:

- Abfluss verstopft (Wirkung von Natriumhydroxid)
- Backergebnisse (Nutzung von Backpulver/Natriumhydrogencarbonat)
- Geburtstagskerze, die sich trotz Ausblasen wieder selbst entzündet (Entzündungstemperatur von Magnesium)
- Flecken auf dem Teppich (Einsatz von Alkanen in Teppichreinigern)
- Rostige Gegenstände (Entstehung und Vermeidung von Korrosion)
- Silberlöffel verfärbt sich beim Essen des Frühstückseis (Reaktion von Schwefelwasserstoff mit Silber, Reinigung von angelaufenem Silber)
- Wasserläufer (Oberflächenspannung)

 keine besonderen Voraussetzungen

 –

 Welche Ereignisse kann ich mit Chemie im Alltag erleben und erklären?

Durchführung:

- Lehrervortrag in Form einer Anekdote, evtl. unterstützt durch Bildimpulse oder Realien
- Dabei wird eine kuriose Begebenheit erzählt.

Beispiel:

Alljährlich zur Herbstzeit werden bei uns im Garten die Äpfel eingesammelt, um daraus Apfelwein herzustellen. Nach einer zweiwöchigen Gärzeit wird der Apfelwein in Flaschen gefüllt, gut verschlossen und im Keller gelagert. Bei einer Geburtstagsfeier, zu der ich eingeladen war, stellte ich großzügigerweise eine ganze Kiste Apfelwein zum gemeinsamen Genuss zur Verfügung. Nachdem alle Gäste ihre Gläser gefüllt und auf das Geburtstagskind angestoßen hatten, verzogen sich fast alle Gesichter. Ich erschrak – probierte auch und stellte fest, dass aus dem leckeren Apfelwein Essig geworden war. Was war nur falsch gelaufen?

Weitere Hinweise:

Anekdoten mit Bezügen zur Chemie finden Sie u. a. in:

- Chemiker-Anekdoten; Josef Hausen; Verlag Weinheim 1957
- Humoristische Chemie; Henning Hopf; Ralf A. Jakobi; Wiley VCH Verlag GmbH 2003

.4 Blitzlicht

keine besonderen Voraussetzungen

Wort- oder Bildimpuls

Woran denke ich zuerst, wenn ich ein bestimmtes Bild sehe?

Durchführung:

- Ein Wort, Bild oder eine Bilderreihe werden kurz gezeigt.
- Die Schüler äußern sich in einer Meldekette, was sie mit dem Wort oder Bild spontan verbinden.

Weitere Hinweise:

- Wortimpulse: ätzend, Feuerwerk, Metalle
- Bildimpulse: Müllhaufen, erdölverschmutzte Vögel, Tropfsteine

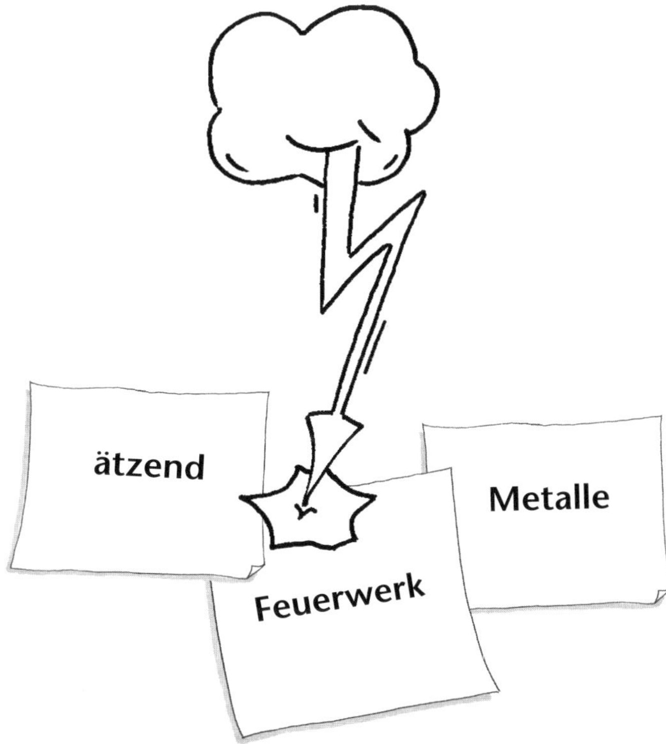

keine besonderen Voraussetzungen

ggf. Kopien mit vorgegebenen Begriffen, Formeln oder Strukturen

Welche Ideen könnten zu einer Problemlösung führen?

Durchführung:

- An der Tafel wird eine Problemfrage formuliert.
- Die Schüler haben kurz Zeit, sich still Gedanken darüber zu machen.
- Ideen werden an der Tafel gesammelt.

Beispiele:

- Wie kann Schmutzwasser getrennt werden?
- Wasser sparen, aber wie?
- Wie kann die Oberflächenspannung des Wassers nachgewiesen werden?
- Wie ist Zerlegung von Wasser möglich?
- Wasser – Energie der Zukunft?

Weitere Hinweise:

Als Alternative kann von vorgegebenen Begriffen, Formeln oder Strukturen ausgegangen werden (ausgeteilte Kopien für jeden Schüler).

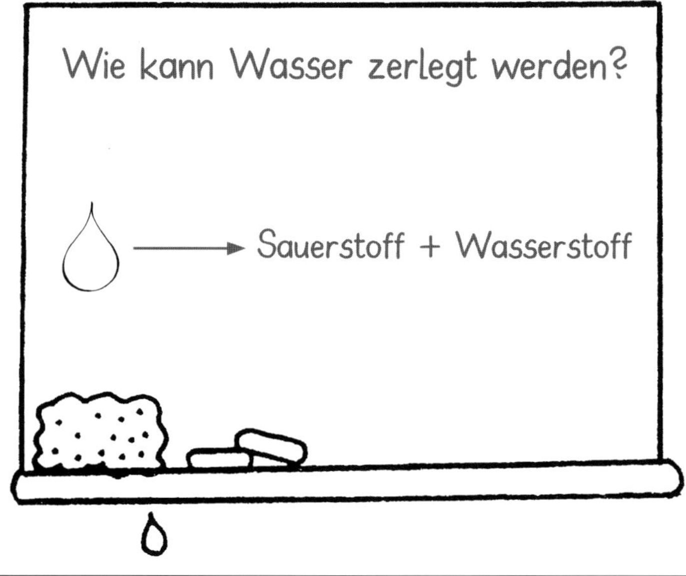

keine bestimmten Vorkenntnisse

Gebäude, Landschaften, aus Kunststoffklötzchen, Fotos, evtl. Musik

Was sagt mir eine dargestellte Landschaft?

Durchführung:

- Die Schüler sitzen in einem Kreis. In der Mitte des Kreises ist eine Landschaft aufgebaut. Darin sind einige Fotos verteilt.
- Die Schüler haben 2 Minuten Zeit, die Landschaft genau zu betrachten.
- Ein Schüler beschreibt, welche Themen dargestellt werden. Anschließend fordern sich die Schüler gegenseitig auf, ihre Eindrücke und mögliche Themenbezüge mitzuteilen.
- In einer weiteren Runde wählen sich die Schüler ausgelegte Fotos zum Thema aus und beschreiben, welche Aussagen zum Thema anhand der Fotos getroffen werden können, welche Fragen das jeweilige Foto aufwirft und warum sie dieses Foto ausgewählt haben.

Beispiel:

zum Thema Erdöl:

Unterlage: blaues Tuch (symbolisiert das Meer)

Auflagen: Sand, Blätter, umgekipptes Schiff, Fässer, Fische, Löschboot u. a.

Fotos: brennender Tanker, verschmutzter Strand, ölverklebter Vogel, Hubschrauber, der Chemikalie versprüht u. a.

Weitere Hinweise:

Mit einer passenden Hintergrundmusik kann eine bestimmte Stimmung unterstützt werden.

Die Schüler könnten zu einem vorgegebenen Thema auch selbst eine Landschaft gestalten.

keine bestimmten Vorkenntnisse

Realien

Welche chemischen Reaktionen und Produkte können durch die gezeigte Realie verdeutlicht werden?

Durchführung:

- Der Lehrer zeigt einen Stoff oder Gegenstand bzw. lässt ihn durch die Schüler jeweils weiterreichen.
- Die Schüler äußern Vermutungen zum Thema der Stunde, zu möglichen chemischen Reaktionen oder zu Produkten des gezeigten Stoffes. Die Aussagen der Schüler werden an der Tafel notiert.
- Anhand der gefundenen Aussagen wird ein Schwerpunkt der Stunde festgelegt.

Beispiele:

- Salze und Kristalle (Entstehung und Eigenschaften der Salze)
- Kohle (Herkunft, Abbau, chemische Reaktionen mit Kohlenstoff)
- Erze (Herkunft, Förderung, Herstellung von Metallen)
- Erdöl (Herkunft, Förderung, Produkte der Petrolchemie)
- Schwefel und seine verschiedenen Modifikationen (Gewinnung und Nutzung von Schwefel)

Weitere Hinweise:

- Ziel dieser Methode ist nicht nur eine Primärbegegnung/-erfahrung der Schüler mit dem Stoff, sondern auch die Hinführung der Schüler zur Mitgestaltung des Unterrichts.
- Die Schüler könnten auch direkte Fragen an die Realie stellen, welche anschließend im Unterricht beantwortet werden sollen.

keine bestimmten Vorkenntnisse

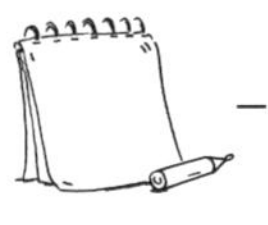
–

Was lernen wir aus Unfällen?

Durchführung:

- Der Lehrer berichtet über einen fiktiven oder realen Unfall, der sich in einem Haushalt zugetragen hat.
- Im Unterrichtsgespräch wird auf Gefahrstoffe, Gefahrstoffsymbole, Sicherheitsmaßnahmen, Unfallvermeidung und chemische Reaktionen, die Unfälle verursachen können, eingegangen.

Beispiele:

- Eine hygienefanatische Putzfrau, für die alles nicht sauber und keimfrei genug sein konnte, schüttete in eine Toilette zu einem alkalischen, chlorhaltigen Rohreiniger noch sauren WC-Reiniger. Während des kräftigen Nachbürstens sackte sie auf einmal zusammen – es war gefährliches Chlorgas entstanden, das im ersten Weltkrieg als Kampfgas eingesetzt wurde.
- In einer Pommesbude in der Innenstadt brannte es letzte Nacht lichterloh. Das Fett war so stark erhitzt worden, dass es in Brand geraten war. Vor lauter Schreck nahm der Besitzer einen Eimer Wasser und versuchte den Brand zu löschen. Er selbst wurde mit schweren Verbrennungen ins Krankenhaus eingeliefert.

Weitere Hinweise:

- Wenn Sie die Unfallberichte nicht bis zum Ende erzählen, ließe sich ggf. die Spannung erhöhen: Die Schüler könnten zunächst Folgen des Verhaltens und Ursachen des Unfalls vermuten.
- Lassen Sie auch Schüler von Unfällen berichten, von denen sie vermuten, dass sie einen chemischen Hintergrund haben.

2.1 Akrostichon

ca. 5–10 Min. ab Kl.

Grundwissen aus dem jeweiligen Themengebiet

–

Welche Begriffe verbinde ich mit einem gegebenen Thema?

Durchführung:

- An die linke Seite der Tafel wird vertikal ein Oberbegriff geschrieben.
- Die Schüler ordnen jedem Anfangsbuchstaben einen weiteren Begriff zu, der zu dem Thema passt.
- Die Begriffe werden im Schülervortrag oder im Unterrichtsgespräch erläutert.
- Alternativ können die Buchstaben auch in der Mitte eines Wortes stehen.

Beispiele:

O	EL
R	USS
G	ÄRUNG
A	LKANE
N	YLON
I	SOMERIE
K	OHLENWASSERSTOFFE

SCH	**A**	LEN
RU	**T**	HERFORD
NEUTR	**O**	N
ATOM	**M**	ASSE
EL	**E**	KTRON

z. B. für folgende Oberbegriffe:

- Alkohol
- Energie
- Metalle
- Säuren
- Wasser

Weitere Hinweise:

- Bei einer klappbaren Tafel besteht die Möglichkeit, den Oberbegriff mehrmals anzuschreiben. Dann sollten Gruppen gebildet werden.
- Als Alternative lassen sich zwei oder mehrere Oberbegriffe anschreiben. Diese sollten aber so gewählt sein, dass man im Gespräch Vergleiche anstellen kann.

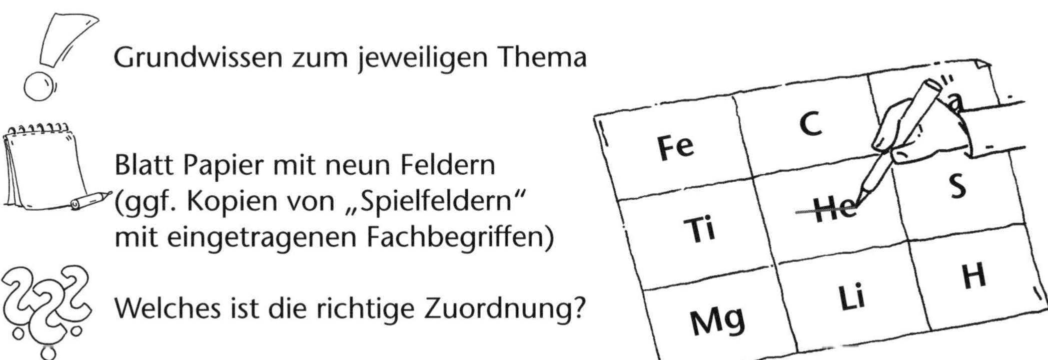

Durchführung:

- Jeder Schüler hat ein Blatt Papier mit neun freien Feldern (drei waagerecht, drei senkrecht). In diese Felder werden Begriffe oder Symbole eingetragen.
- Anschließend umschreibt der Lehrer (oder ein Schüler) einen der Fachbegriffe bzw. Symbole.
- Die Schüler suchen nach einer passenden Zuordnung von Formulierung und Begriff bzw. Symbol und markieren das entsprechende Feld.
- Wer zuerst drei Felder in einer Reihe markiert hat (senkrecht, waagerecht oder diagonal), ruft laut BINGO. Sind alle Zuordnungen richtig, so hat er das Spiel gewonnen.

Beispiele:

- Die Schüler notieren sich verschiedene Stoffgemische (Gemenge, Emulsion, Suspension) und Möglichkeiten der Stofftrennung (Destillation, Filtrieren etc.). Der Vortragende beschreibt Stoffgemisch und Stofftrennung.
- Die Schüler notieren sich Namen von chemischen Elementen. Der Vortragende nennt die Symbole.
- Die Schüler notieren sich Summenformeln der Alkane. Der Vortragende nennt die Alkane.

Weitere Hinweise:

Begriffe, Formeln oder Strukturen könnten auch bereits vorgegeben sein (Kopien).

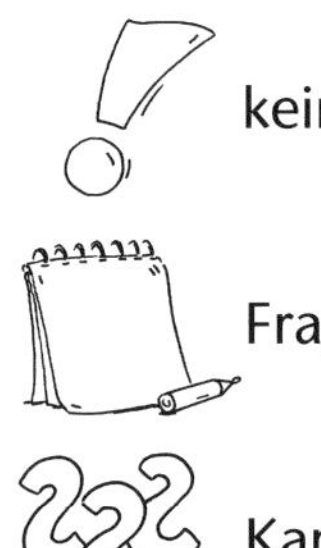

keine bestimmten Vorkenntnisse

Fragebogen mit Multiple-Choice-Fragen

Kannst du das Treffende auswählen?

Durchführung:

- Auf einem vorgegebenen Fragebogen mit Multiple-Choice-Fragen zum Thema, kreuzen die Schüler (bzw. Schülerpaare) zunächst Antworten an, die sie als richtig vermuten.
- Am Ende der Stunde werden die Fragebögen mit dem verglichen, was im Unterricht durch Experiment, Textarbeit oder Recherche festgestellt wurde. Die Schüler korrigieren selbstständig ihre bisherigen Antworten.

Beispiele:

1. Welche Aussagen sind bzgl. Verbrennungen zutreffend?
   - ☐ Verbrennungen benötigen Sauerstoff.
   - ☐ Bei Verbrennungen werden Stoffe vernichtet.
   - ☐ Nichtmetalle bilden Nichtmetalloxide.
   - ☐ Brände lassen sich grundsätzlich mit Wasser löschen.

2. Welche Aussagen treffen auf ein Atom zu?
   - ☐ Atome gelten nach Dalton als kleinste Teilchen.
   - ☐ Im Atomkern sind Elektronen und Neutronen enthalten.
   - ☐ Protonen sind positiv geladen.
   - ☐ Elektronen haben eine verschwindend geringe Masse.

Weitere Hinweise:

Einsetzbar in folgenden Themengebieten:

- Atomvorstellungen
- Chemische Reaktion (z. B. Verbrennungen)
- Chemische Bindung
- Massenerhaltungsgesetz

Diese Methode kann genutzt werden, um vorhandene „misconceptions“ bei den Schülern zu erkennen und ggf. aufzuheben.

Grundkenntnisse zum jeweiligen Themengebiet

3 Silben-Sets (auf Papier), Magnete oder Klebepins, Tafel (Zettel und Stift)

Was lässt sich kombinieren?

Durchführung:

- Es werden insgesamt vier Gruppen gebildet, drei Gruppen teilen sich die Tafel auf, die Schüler der vierten Gruppe bleiben auf ihren Plätzen.
- Für jede Tafelgruppe ist ein Silben-Set an die Tafel geheftet.
- Die Schüler erhalten nun den Auftrag, die Silben in möglichst kurzer Zeit zu Fachbegriffen zusammenzusetzen.
- Die Schüler an den Plätzen versuchen selbst, die passenden Fachbegriffe zu finden und zu notieren. Wer ist schneller?

Beispiel:

- Welche Begriffe zum Thema Elektrochemie kannst du aus den Silben bilden?

  TRO – ZEL – BAT – AKKU – REN – ELEK – MU – TOR – GAL – NI – SALZ –

  RIE – LYSE – SCHMEL – VA – ZE – BRENN – TE – SIE – STOFF – LE – LA

  (Lösung: Elektrolyse, Batterie, Akkumulator, Galvanisieren, Salzschmelze, Brennstoffzelle)

Weitere Hinweise:

- Sind nur die Anfangsbuchstaben großgeschrieben, ist das Rätsel einfacher und kann somit i. d. R. schneller gelöst werden.
- Im Anschluss können die Begriffe durch Schüler erklärt werden.

Grundkenntnisse zum jeweiligen Themengebiet

Liste (Folie) mit richtigen und faschen Kombinationen, Overheadprojektor

Welche Zuordnungen sind richtig?

Durchführung:

- Auf dem Overheadprojektor liegt eine Liste mit Aussagen-Paaren. Einige Paare treffen jeweils richtige Aussagen, andere enthalten Fehler.
- Die Schüler notieren sich im ersten Durchgang die Anzahl der stimmigen Paare. Pro richtig erkanntem Paar dürfen sie sich einen Punkt notieren. Wurden insgesamt mehr Paare als zutreffend erkannt, gibt es Minuspunkte.
- Im folgenden Unterrichtsgespräch korrigieren die Schüler diejenigen Paare, die Fehler aufweisen. Für jede Richtigstellung erhalten sie einen weiteren Punkt.

Beispiele: richtig/falsch (in Klammern Richtigstellung)

A	B	Richtig:
Säuren – färben Lackmus rot	Laugen – färben Lackmus gelb	(B) Laugen – färben Lackmus blau
Säuren – pH-Wert kleiner als 7	Wasser – pH-Wert 7	(ja)
Laugen besitzen Wasserstoff-Atome.	Säuren besitzen Wasserstoff-Ionen.	(A) Laugen besitzen OH-Ionen
Säuren und Laugen bilden Salze.	Säure und Lauge zusammen wirken basisch.	(B) Säure und Lauge zusammen wirken neutral.
Kochsalz besteht aus Natriumchlorid.	Alle Salze lösen sich unter Wärmeabgabe.	(B) Es gibt auch andere Salze.
Elektrolyse funktioniert nur bei Salzlösungen.	Bei der Elektrolyse von Kupferchlorid entsteht elementares Kupfer.	(A) Elektrolyse funktioniert auch bei Salzschmelzen.

Weitere Hinweise:

Mit dieser Methode lassen sich ebenso Kenntnisse von Geräten, Formeln, Strukturen etc. überprüfen.

2.6 Wortscheibe

ca. 5–10 Min. ab Kl. 7

Grundkenntnisse zum jeweiligen Themengebiet

Buchstabenscheibe mit beweglichem Zeiger, ggf. Zettel und Stift

Kennst du die Fachbegriffe?

Durchführung:

- Es werden zwei Gruppen gebildet, die sich nebeneinander in zwei Reihen aufstellen.
- Der Zeiger der Buchstabenscheibe wird gedreht.
- Der erste der jeweiligen Gruppe rennt an die Tafel und schreibt einen Begriff auf, der mit dem angezeigten Buchstaben beginnt.
- Diejenigen Schüler, die keiner Gruppe zugeordnet wurden, notieren sich einen passenden Begriff auf ihrem Zettel.
- Die Gruppe, die zuerst einen richtigen Begriff an die Tafel geschrieben hat, erhält zwei Punkte, die andere Gruppe für einen richtigen Begriff einen Punkt.
- Die Wortscheibe wird erneut gedreht.
- Begriffe, die an der Tafel stehen, dürfen nicht noch einmal angeschrieben werden.

Beispiele:

- Laborgeräte
- Chemikalien
- Chemische Elemente
- Chemische Verbindungen

Weitere Hinweise:

- Die Schüler sollten erst nach einem Kommando loslaufen.
- Lassen Sie die Begriffe untereinander an die Tafel schreiben, so erhalten Sie eine bessere Übersicht zur anschließenden Besprechung.

3.1 Das passt zusammen!

Grundkenntnisse zum jeweiligen Themengebiet

2 Plakatfelder (1 bis 8 oder 1 bis 12; a bis h oder a bis l) mit Einschüben, in denen Karten als Zuordnungspaare stecken

1	2
3	4
5	6
7	8

a	b
c	d
e	f
g	h

Was passt zusammen?

Durchführung:

- Es werden zwei Gruppen gebildet.
- Jede Gruppe stellt einen Gruppensprecher.
- Die erste Gruppe nennt eine Zahl und einen Buchstaben.
- Bei richtiger Zuordnung erhält diese Gruppe die Karten
- Wer zum Schluss die meisten Karten hat, ist Sieger.

Beispiele:

- Laborgeräte und Fachnamen
- Stoffgemische und Trennungsmethoden
- Chemische Elemente und Elementsymbole
- Chemische Verbindungen und Summenformel
- Edukte und Produkte

3.2 Dialog

keine bestimmten Vorkenntnisse

Dialog

Wie lässt sich ein bestimmtes Ereignis erklären?

Durchführung:

- Zwei Schüler tragen einen Dialog in verteilten Rollen vor.
- Im Unterrichtsgespräch formulieren die Schüler Hypothesen zur Erklärung eines Phänomens oder zur Lösung eines Problems.
- Die Hypothesen werden an der Tafel notiert. Im Laufe des Unterrichts können diese verifiziert oder falsifiziert werden, z. B. durch Experimente.

Beispiel:

Zwei Freunde treffen sich nach dem Urlaub, um ihre Erlebnisse auszutauschen.

Tony: Hallo Stefan! Vielen Dank für deine Karte aus Frankreich! Wie war dein Urlaub?

Stefan: Einfach schön. Aber stell dir vor, was mir während einer Besichtigung einer Weinkelterei passiert ist …

Tony: Du hast doch wohl nicht zu viel getrunken?

Stefan: Nein, nein. Eigentlich ist nicht mir was passiert.

Tony: Sondern?

Stefan: Du kennst doch meinen süßen kleinen Hund Wurzel?

Tony: Ja, und was ist mit ihm passiert?

Stefan: Während der Besichtigung im Weinkeller sackte er auf einmal zusammen. Also nahm ich ihn auf den Arm. Dort wurde er wieder putzmunter und sprang auf den Boden. Doch nach einer Weile sank er wieder in sich zusammen.

Tony: Und was hast du dann gemacht?

Stefan: Ich bin sicherheitshalber nach draußen gegangen – das war mir alles zu gefährlich. Kannst du das verstehen?

Tony: Ich habe da schon eine Ahnung, was die Ursache sein kann …

keine bestimmten Vorkenntnisse

Drehscheibe auf Folie (mit verschiedenen Abbildungen und beweglichem Zeiger)

Welches Fragen habe ich an das Phänomen/den Gegenstand? Was weiß ich von ihm?

Durchführung:

- Der Pfeil auf der Drehscheibe wird gedreht.
- Je nach gezeigtem Gegenstand bzw. Phänomen nennen die Schüler Assoziationen und Fragen, die sie damit verbinden. Diese werden an der Tafel notiert.
- Im folgenden Unterricht wird auf die Fragen bzw. Hypothesen eingegangen.

Beispiel:

zum Thema Feuer mit folgenden Bildern auf der Drehscheibe:

- Feuerwerk
- Fettbrand
- Wunderkerze
- Magnesiumfackel
- Streichholz
- brennende Glühlampe
- Feuerwehrmänner beim Löschen

Weitere Hinweise:

Es können mehrere Bilder in der Stunde genutzt werden.

Mithilfe der Pfeilauswahl ließe sich aber auch bereits das Thema der Stunde festlegen.

Andreas G. Harm: 55 Stundeneinstiege Chemie

Grundkenntnisse der Alkane

Molekülbaukasten

Welchen Aufschluss geben uns 3D-Modelle?

Durchführung:

- Molekülbaukästen zur organischen Chemie werden Zweier- oder Dreier-Gruppen ausgehändigt.
- Jede Gruppe erhält den Auftrag, alle möglichen Isomere des Pentans (C_5H_{12}) zu bauen und als Struktur zu zeichnen.
- Gemeinsam werden die gebauten Modelle verglichen.

Beispiele:

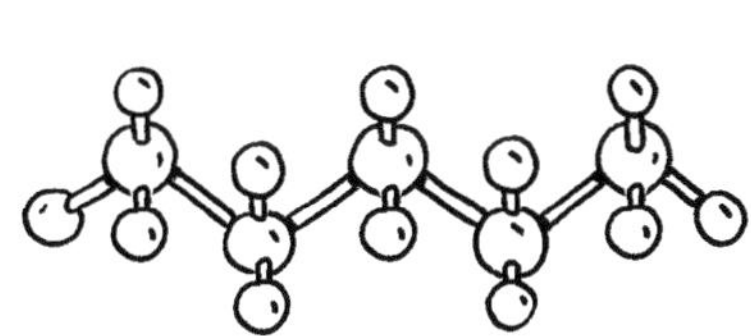
n-Pentan

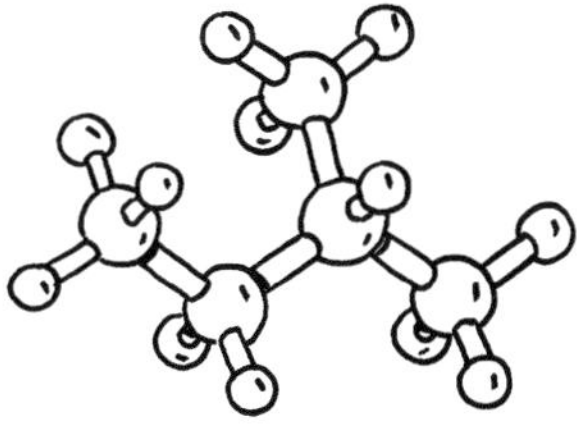
iso-Pentan (2-Methylbutan)

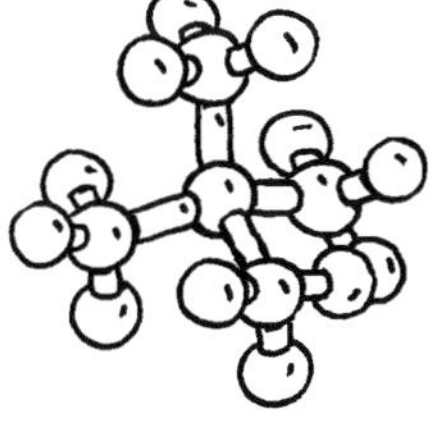
neo-Pentan (2,2-Dimethylpropan, Tetramethylmethan)

Weitere Hinweise:

- Möglicherweise sind einige der gezeichneten Strukturen identisch, was die Schüler durch Drehung der Modelle erkennen können.
- Anschauungsmodelle, LEGO®-Bausteine oder Modellbaukästen lassen sich gut nutzen, um chemische Verbindungen und Reaktionen darzustellen. LEGO®-Bausteine helfen durch ihre Verknüpfungsnoppen dabei, die Wertigkeit zu begreifen.

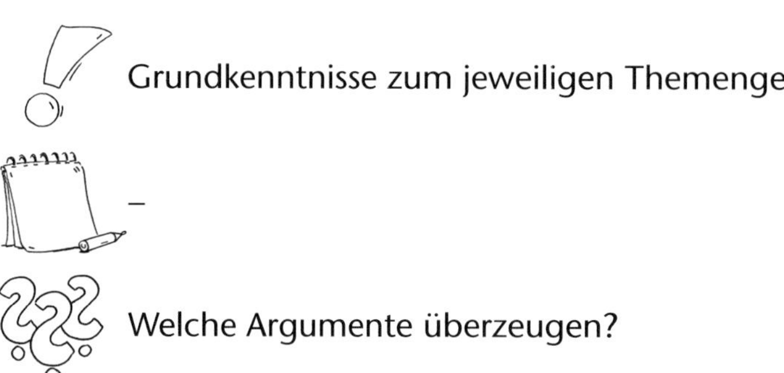

Grundkenntnisse zum jeweiligen Themengebiet

–

Welche Argumente überzeugen?

Durchführung:

- Es werden drei Gruppen gebildet: zwei Argumentationsgruppen und eine Zuhörergruppe.
- Jede Argumentationsgruppe erhält ein Positionspapier mit Vor- oder Nachteilen, welches still durchgelesen werden sollte.
- Nach 3 Minuten beginnt die erste Gruppe, für eine Sache zu argumentieren.
- Teilnehmer der Kontra-Gruppe melden sich, um ihre Position darzulegen.
- Nun kann es durch gegenseitiges Auffordern oder mithilfe eines Moderators (Lehrer oder Schüler) zu einem Austausch der Argumente kommen.
- Die Teilnehmer der Zuhörergruppe entscheiden sich nach einer festgelegten Zeit für eine Gruppe. Ihre jeweilige Wahl sollte einzeln begründet werden.

Beispiele:

Themengebiete:

- Atomkraft
- Verwendung von Biodiesel
- Wasserstoff als Autoantrieb
- Chemikalien in Lebensmitteln
- Einsatz und Verwendung fossiler Brennstoffe

Weitere Hinweise:

Alternativ können zwei Stuhlkreise gebildet werden – ein Innenkreis mit Befürwortern einer Sache, ein Außenkreis mit Gegnern. Jeder stellt seine Argumente kurz seinem Gegenüber vor, danach rücken die Teilnehmer des Außenkreises um einen Platz nach rechts. Nach einer festgelegten Zeit kann sich jeder für die Pro- oder Kontra-Position entscheiden.

keine bestimmten Vorkenntnisse

Versuchsaufbau

Wie kann Unerwartetes erklärt werden?

Durchführung:

- Eine provozierende These wird an die Tafel geschrieben oder vom Lehrer geäußert.
- Die Schüler nehmen dazu begründet Stellung und machen Vorschläge für Experimente.
- Die Behauptungen der Schüler werden an der Tafel fixiert, um sie dann im Unterricht zu verifizieren oder zu falsifizieren.

Beispiele:

- Wenn ich Eisenwolle verbrenne, wird diese schwerer. (Reaktionen mit Sauerstoff)
- Wenn ich an der frischen Luft dreimal kräftig durchatme, nehme ich mehr Sauerstoff auf, als beim Genuss eines Sauerstoff-Getränks. (Nachweis von Sauerstoff)
- Säuren haben ihren Name dadurch erhalten, dass sie immer dann entstehen, wenn Nichtmetalle mit Sauerstoff reagieren und dann in Wasser gelöst werden. (Entstehung von Säuren)
- Alkoholfreies Bier enthält Alkohol. (Nachweis von Alkohol)
- In Calcium-Tabletten findet man kein Calcium. (Nachweis von Metallen; Klärung des Ionenbegriffs)
- Ein gekochtes Ei kann schweben. (Dichtebegriff)

4.1 Folienpuzzle

ca. 5–10 Min. ab Kl.

Grundkenntnisse von Versuchsanordnungen

Laborgeräte zu einem Versuch auf Folie, Overheadprojektor

Wie ordnen wir sinnvoll Laborgeräte zu einem Versuch an?

Durchführung:

- Es werden Kleingruppen gebildet.
- Jede Kleingruppe erhält Laborgeräte auf Folie.
- Die Schüler der Gruppen sollten die Folienteile so aneinanderlegen, dass sich ein sinnvoller Versuchsaufbau ergibt.
- Eine Kleingruppe präsentiert ihr Ergebnis am Overheadprojektor.

Weitere Hinweise:

Die Methode kann auch im Plenum durchgeführt werden.
Einzelne Schüler kommen hierfür zum Overheadprojektor und legen sukzessive den Versuchsaufbau zusammen.

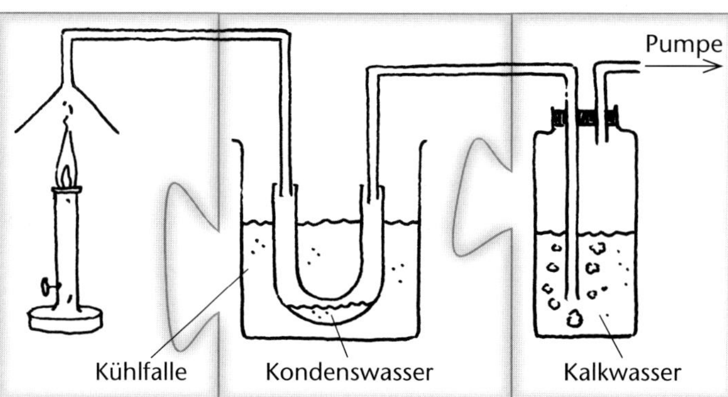

Analyse von Verbrennungsprodukten

keine bestimmten Vorkenntnisse

Laborgeräte und Chemikalien

Welche Nachweismöglichkeiten besitzt die Chemie?

Durchführung:

- Der Lehrer stellt ein fiktives Missgeschick vor, das in einem Labor passiert sein könnte.
- Die Schüler stellen Überlegungen zur Lösung und/oder zur zukünftigen Vermeidung an.
- Die Überlegungen werden an der Tafel fixiert, um im Laufe der Stunde überprüft zu werden.

Beispiele:

Missgeschick 1: Ein Laborant hat drei weiße Feststoffe abgefüllt, ohne sie zu kennzeichnen: Zucker, Gips und Salz. (Sie lassen sich durch Löslichkeit, Trennverfahren und Verhalten beim Erhitzen nachweisen.)

Missgeschick 2: Ein Laborant hat drei klare Flüssigkeiten abgefüllt, ohne sie zu kennzeichnen: Salzsäure, destilliertes Wasser und Natronlauge. (Sie lassen sich durch Indikatoren nachweisen.)

Missgeschick 3: Ein Laborant hat ein kleines Bruchstück Natrium in den Abguss gegeben. Plötzlich kommt eine Flamme aus dem Abguss. (Richtiger Umgang mit Gefahrstoffen – Natrium wird in Ethanol zu harmlosen Natriumethanolat, nach Zugabe von Wasser zu NaOH.)

Missgeschick 4: Einem Laboranten fällt ein Kolbenprober zu Boden. Der zerbrochene Kolbenprober ist nicht mehr zu verwenden. (Nutzung alternativer Geräte – Hier könnte als Ersatz eine große Spritze aus der Medizintechnik dienen.)

Grundkenntnisse über Versuchsaufbauten

verschiedene Laborgeräte, Chemikalien und Schutzmaterial, Zettel und Stift

Wie setze ich Laborgeräte sinnvoll ein?

Durchführung:

- Zwei Labortische stehen voller Laborgeräte und Chemikalien.
- Zwei Schülergruppen sollen nun aus dem „Chaos“ alle unnötigen Geräte und Chemikalien aussortieren und die passenden Geräte und Chemikalien für ein Experiment auswählen.
- Währenddessen skizzieren die anderen Schüler in Partnerarbeit, wie der Versuchsaufbau aussehen müsste.

Beispiel:

Es soll nachgewiesen werden, dass bei der Reaktion von verdünnter Salzsäure mit Magnesium Wasserstoff entsteht. Dabei werden neben den genannten Chemikalien folgende Geräte benötigt:

- 2 Reagenzgläser
- Gummistopfe mit Loch
- gebogenes Glasrohr
- Reagenzglasklammer
- Reagenzglasständer.

Weitere Hinweise:

Beachten Sie mögliche Schutzmaßnahmen: Handschuhe, Brille, Schutzkittel.

keine bestimmten Vorkenntnisse

Laborgeräte und Chemikalien

Wie beeindruckend sind chemische Experimente?

Durchführung:

- Der Lehrer führt ein Demonstrationsexperiment vor, das spektakulär und faszinierend ist.
- Das Experiment könnte zudem in eine Anekdote, Erzählung, Geschichte oder in einen weiteren Kontext eingebettet sein.

Beispiel: Die „Elefantenzahnpasta"

Experiment: Zunächst bereitet man 2 Bechergläser vor. In ein 100-ml-Becherglas werden 50 ml Wasserstoffperoxid gegeben. In ein 50-ml-Becherglas wird eine wässrige Kaliumiodidlösung (10 g KI in 10 ml H_2O) gefüllt. Zudem gibt man 5 ml Spülmittel in einen hohen Standzylinder.
Die Durchführung geht ziemlich schnell: Die beiden Bechergläser werden zugleich in den Standzylinder gegeben. Unmittelbar danach vergrößert sich das Volumen des Gemisches in Form von Schaum, der über den Standzylinder hinausquillt. Entsorgt werden kann der Schaum im Abguss (dabei mit Wasser spülen).
Erklärung: Wasserstoffperoxid wird in einer exothermen Reaktion durch Kaliumiodid katalytisch in Wasser und Sauerstoff gespalten. Der entstehende Wasserdampf und Sauerstoff treiben das Spülmittel und schäumen es in großem Volumen auf.

Möglicher Kontext: „Kann mir jemand von euch erzählen, wie Zahnpasta hergestellt wird?" (Schüler nennen Stoffe, die sie kennen bzw. vermuten) „Bevor wir selbst eine Zahnpasta herstellen und testen wollen, möchte ich euch zeigen, wie für Tiere sehr schnell und effektiv eine Zahnpasta hergestellt werden kann. Nennt doch mal Tiere mit großen Zähnen!" (Die Schüler nennen z. B. Raubtiere, Nilpferd, Elefant.) „So ein Elefant hat riesige Stoßzähne, also benötigen wir eine Menge an Zahnpasta." … (Lehrer erläutert das Experiment)

Weitere Hinweise:

Weitere mögliche Showexperimente sind z. B. „Das brummende Gummibärchen", „Rachendrachen", „Der chemische Flammenwerfer", „Geldschein in Flammen", „Kohle aus Zucker".

keine bestimmten Vorkenntnisse

Laborgeräte und Chemikalien

Welche chemischen Phänomene kann ich zu Hause nachvollziehen?

Durchführung:

- Ein Schüler führt einen Versuch vor, den er sich zu Hause überlegt und geübt hat.
- Die Mitschüler dürfen zu dem Versuch Fragen stellen und evtl. Anregungen geben.

Beispiele:

Experiment 1: Der Schüler hat einen kleinen Vulkan mit Gips gebaut und demonstriert einen „Vulkanausbruch" (Reaktion von Natriumhydrogencarbonat mit Zitronensäure, unterstützt durch Lebensmittelfarbstoff).

Experiment 2: Der Schüler demonstriert, wie ein Papierschiffchen mithilfe von Seife auf Wasser fahren kann.

Experiment 3: Der Schüler zeigt selbstgezüchtete Kristalle (z. B. aus Kochsalz oder Alaun, gefärbt mit Wasserfarbe) und erklärt deren Herstellung.

Experiment 4: Mehrere Schüler zeigen, wie man Baumwollstoff färben kann, z. B. durch Einsatz von Beeren, Zwiebelschalen, Curry, Spinat, Rotkohl, Paprika, Preiselbeeren.

Experiment 5: Verschiedene Schüler zeigen ihre Methoden, Geheimschriften herzustellen.

Kenntnisse zur Erstellung eines Versuchsprotokolls

Diktattext, Protokollvorlage

Wie lässt sich eine Versuchsbeschreibung in einem Protokoll darstellen?

Durchführung:

- Der Lehrer beschreibt einen Versuch ein- oder zweimal.
- Die Schüler machen sich dazu Notizen und tragen ihre Informationen in eine Protokollvorlage ein.

Beispiel:

Ein Stück Holzkohle wird über dem Brenner zum Glühen gebracht. Anschließend wird die glühende Kohle in einen mit Sauerstoff gefüllten Standkolben gehalten. Nach der Verbrennung gibt man etwas Calciumhydroxid-Lösung in den Kolben, verschließt diesen und schüttelt gut.

Frage:	***Was entsteht bei der Verbrennung von Holzkohle?***
Vermutung:	Kohlenstoffdioxid
Geräte:	Gasbrenner, Standkolben, Verbrennungslöffel, Gummistopfen
Chemikalien:	Calciumhydroxid-Lösung, Holzkohle, Sauerstoff
Durchführung:	1. Standkolben mit Sauerstoff füllen. 2. Holzkohle im Verbrennungslöffel über dem Brenner zum Glühen bringen. 3. Den Verbrennungslöffel mit der glühenden Holzkohle in den Standkolben halten. 4. In den Standkolben Calciumhydroxid-Lösung schütten. 5. Den Standkolben mit einem Gummistopfen verschließen und schütteln.
Beobachtung:	Die vorher klare Calciumhydroxid-Lösung wird trübe.
Auswertung:	Kohlenstoffdioxid trübt Calciumhydroxid-Lösung. Dabei entsteht wasserunlöslicher Kalk, $Ca(OH)_2 + CO_2$ ® $CaCO_3 + H_2O$

Weitere Hinweise:

Sie müssen nicht alle Geräte vorgeben, die Schüler sollen auch selbst überlegen, welche Geräte sinnvoll sind.

4.7 Zaubertrick

ca. 5 Min. ab Kl.

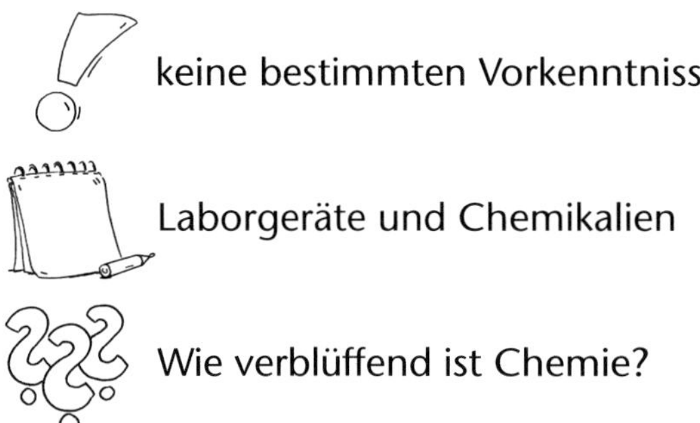

keine bestimmten Vorkenntnisse

Laborgeräte und Chemikalien

Wie verblüffend ist Chemie?

Durchführung:

Der Lehrer verblüfft mit einem Phänomen, mit dem die Schüler nicht rechnen. Dazu führt er ein Experiment vor, das in die Thematik einführen soll.

Beispiele:

Experiment 1: Der Lehrer zeigt den Schülern eine Glasschale mit „Schnee“ und stellt diese auf den Labortisch. Schließlich behauptet er, er könne den Schnee mit einem Streichholz entzünden. Der Trick beruht darauf, dass Campher ähnlich aussieht wie Schnee, sodass die Vertauschung beim Zeigen nicht auffällt. Campher lässt sich leicht entzünden und die Schüler sind zunächst verblüfft. (Thematik: Brandbedingungen)

Experiment 2: Der Lehrer behauptet, ein Ei schweben lassen zu können. Er gibt ein Ei in einen hohen Standkolben mit Wasser. Durch Zugabe von Salz erhöht sich nun die Dichte des Wassers und das Ei steigt in die Höhe, bis es schließlich im Wasser schwebt. (Thematik: Dichte)

Experiment 3: Mit einer Banane einen Nagel einschlagen? Kein Problem für den Chemiker! Die Banane wird ca. 30 Sekunden in flüssigen Stickstoff gehalten. Sie wird dann so fest, dass man damit einen Nagel in ein Holz schlagen kann. (Thematik: Gefrierpunkte)

Weitere Hinweise:

Gründen Sie eine Zauber-AG Chemie, welche die Experimente in einer Zaubershow vorführt, z. B. am „Tag der offenen Tür“.

keine bestimmten Vorkenntnisse

Folie, Poster, Abbildungen von Cartoons

Welche Aussagen zur Chemie können wir Cartoons entnehmen?

Durchführung:

- Über Overheadprojektor oder Beamer wird ein Cartoon präsentiert.
- Die Schüler notieren auf die linke Seite der Tafel Aussagen des Cartoons und Assoziationen zur Chemie, auf die rechte Seite Fragen, die sich aus dem Cartoon ergeben.

Beispiele:

- Eine Lucky Luke-Szene, bei der Eisenbahnschienen gelegt werden, könnte z. B. als Ausgangspunkt für die Erarbeitung des Thermitschweißens dienen.
- Ein selbsterstellter Cartoon, bei dem ein Schüler experimentiert und es zu einer Explosion kommt (Besprechung von Sicherheitshinweisen).
- Schüler stellen Cartoons vor – z. B. die Elektronenwanderung zwischen einem Natriumatom und einem Chloratom.

Weitere Hinweise:

Cartoons zur Chemie findet man im Internet u. a. unter:

http://www.lab-initio.com/sci_chemistry.html
http://www.cartoonstock.com/ (hier den Suchbegriff chemistry eingeben)
http://www.uky.edu/Projects/Chemcomics/index.html

Diagramme lesen können

Excel-Diagramm (PC und Beamer) oder
Folie mit Balken-, Säulen- oder Kreisdiagramm (Overheadprojektor)

Was lesen wir aus einem Diagramm?

Durchführung:

- Ein Diagramm wird als stiller Impuls an die Wand projiziert.
- Die Schüler fordern sich gegenseitig auf, sie äußern jeweils einen Fakt, den sie aus dem Diagramm entnehmen.
- Nachdem die fachlichen Inhalte des Diagramms zusammengetragen sind, werden ggf. Konsequenzen gesammelt. (Beispiel: Möglichkeiten des Wassersparens)

Beispiel:

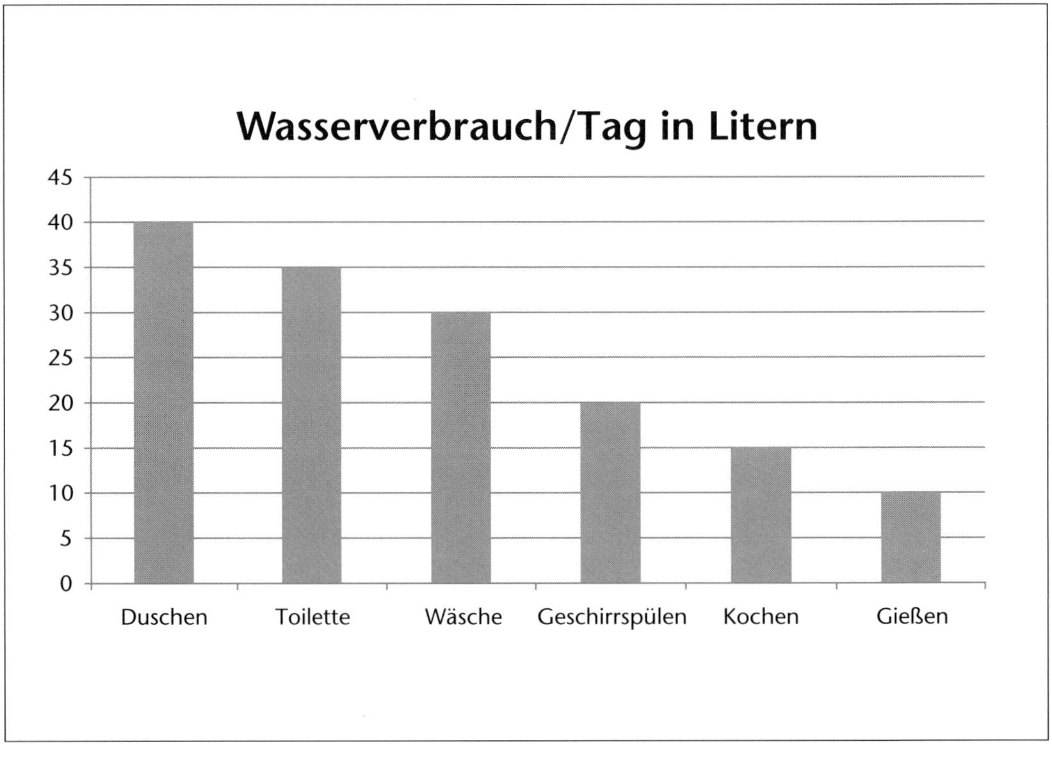

Wasserverbrauch/Tag in Litern

45
40
35
30
25
20
15
10
5
0

Duschen | Toilette | Wäsche | Geschirrspülen | Kochen | Gießen

keine bestimmten Vorkenntnisse

Zettel und Stift pro Schüler

Was stimmt in der Geschichte nicht?

Durchführung:

- Der Lehrer trägt eine Geschichte vor, in welcher Fehler versteckt sind.
- Die Schüler notieren sich die gefundenen Fehler auf einem Zettel.
- Im Anschluss an die Geschichte nennen die Schüler die gefundenen Fehler und korrigieren die jeweiligen Aussagen im Unterrichtsgespräch.

Beispiel:

(Unterstrichene Wörter sind Fehler.)

Tim und Gaby möchten Brausepulver selbst herstellen und bitten ihren Chemielehrer um folgende Stoffe: Zucker zum Süßen, Weinsäure für den säuerlichen Geschmack, <u>Methylrot</u> als Farbstoff und <u>Calciumcarbonat</u> zur Herstellung von Kohlensäure. Sie haben gelernt, dass das entstehende <u>Kohlenmonoxid</u> durch Einleiten in Kalkwasser nachgewiesen werden kann. Deshalb fragen sie noch nach einem <u>Becherglas</u>, einem gewinkelten Glasrohr, einem Gummistopfen und <u>Kaliumhydroxidlösung</u>.

Weitere Hinweise:

- Alternativ können die Schüler auch in Gruppen eingeteilt werden. Der jeweilige Gruppensprecher ruft Stopp bei einem erkannten Fehler, den die Gruppe dann erläutern muss.
- Die Schüler könnten bei erkanntem Fehler das Richtige auf groß auf ein Blatt schreiben und hochhalten.
- Bei Gerätschaften, Elementen oder Formeln könnten alternativ vorgefertigte Lösungskärtchen auf Gruppentischen bereitliegen, welche dann hochgehalten werden.

keine bestimmten Vorkenntnisse

audiovisuelle Medien, z. B. PC (Beamer), Whiteboard mit Internetanschluss

Welche chemische Frage können wir klären?

Durchführung:

- Der Lehrer zeigt einen kleinen Film- oder Werbeclip.
- Die Schüler äußern sich, welche chemischen Fragen der Clip aufwirft.

Beispiele:

- ggf. aktuelle Nachrichtensendungen zu Chemieunfällen
- Nutzung der FWU-Filme (z. B. Chemie der Putzmittel)
- selbstgedrehter Werbefilm
- Lehrfilm (siehe z. B. „www.sofatutor.com/chemie“)
- Werbefilm aus dem TV (z. B. zum Thema Sodbrennen)

keine bestimmten Vorkenntnisse

Foto (Folie, Poster, digital)

Welche Aussagen macht ein Bild?

Durchführung:

- Der Lehrer zeigt ein prägnantes Bild.
- Die Schüler äußern sich in einer Meldekette zum Bild.

Beispiele:

- Ein Mensch, der mitten im Kunststoffmüll im Meer schwimmt.
  Mögliche Schüleräußerungen: Da schwimmt ein Mann. Ich sehe viel Müll. Das ist lauter Plastikmüll. Der Plastikmüll wurde einfach ins Wasser geschmissen. Eigentlich gehört der Plastikmüll in die gelbe Tonne …
- Zwei Kinder ohne Sicherheitsmaßnahmen an einem unordentlichen Experimentiertisch.
  Mögliche Schüleräußerungen: Da sind zwei Kinder. Die Kinder wollen experimentieren. Der Tisch ist ja total unordentlich. Die Kinder haben keine Schutzbrille auf, obwohl der Brenner an ist. Das kann ganz schön gefährlich werden …

Weitere Hinweise:

Durch Hinweise auf Details kann der Lehrer weitere Gedankenimpulse anregen.

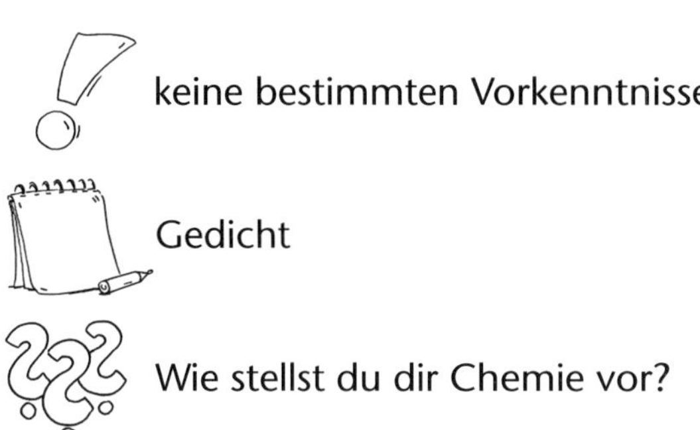

keine bestimmten Vorkenntnisse

Gedicht

Wie stellst du dir Chemie vor?

Durchführung:

- Der Lehrer trägt ein Gedicht vor, die Schüler stellen sich dabei Bilder zu vorkommenden Fachbegriffen vor.
- Die visualisierten Fachbegriffe werden an der Tafel oder in Kleingruppen gesammelt.
- In Kleingruppen sollen nun die visualisierten Begriffe zu einer Bildergeschichte, zur Entwicklung von Experimenten oder zu Versuchsprotokollen transferiert werden.

Beispiel:

Als Stoffe hab ich Wasser und auch Säure.
Wenn's falsch läuft, gibt's das Ungeheure!
Drum geb' ich Säure zu dem Wasser,
sonst wird's um mich herum viel nasser.
Erst letztens sprach ich so in meiner Not:
Lackmuspapier färbt sich durch Säuren rot.
Ich frage mich, ob Indikatoren taugen,
um nachzuweisen auch meine Laugen.
Mit Sicherheit – aus meinem Munde schallt's –
entsteht bei Neutralisation ein Salz.
Der pH-Wert liegt dann bei sieben.
Chemie – das muss man einfach lieben!

Weitere Hinweise:

Weitere Beispiele in: Humoristische Chemie; Henning Hopf; Ralf A. Jakobi; Wiley VCH Verlag GmbH 2003

.7 Historischer Lehrervortrag

ca. 5–10 Min. | ab Kl. 7

keine bestimmten Vorkenntnisse

–

Was haben Chemiker in früheren Zeiten herausgefunden?

Durchführung:

- Der Lehrer erzählt oder liest eine Begebenheit aus der Geschichte der Chemie vor.
- Die Schüler machen sich zusammenfassende Notizen und Fragen, die sie in einer Recherche zu lösen versuchen.

Beispiel:

Im 16. Jahrhundert beobachtete Blasius Villafranca, ein spanischer Arzt, dass durch die Zugabe von Salpeter die Temperatur von Wasser gesenkt wurde. Dies konnte man sich zu Diensten machen, indem Getränke in besondere Gefäße mit solch einer Kühllösung gestellt wurden, um eine angenehm kühle Trinktemperatur zu erreichen. […] 1578 erklärte ein spanischer Arzt, dass diese Entdeckung durch Galeerensklaven gemacht wurde. Sie hatten verschiedene Pulvermischungen hergestellt und entdeckten dabei, dass sich Wasser bei der Mischung mit Salpeter herabkühlte.

Weitere Hinweise:

Mögliche Fragen/Rechercheaufgaben:

- Wie lässt sich Speiseeis kühlen?
- Durch welche Salze kühlen Lösungen ab bzw. erwärmen sich?

keine bestimmten Vorkenntnisse

Medium abhängig vom Vortrag des Interviews, Zettel, Stift

Welche Argumente geben Interviews zur Lösung chemischer/ chemisch-technischer Fragestellungen?

Durchführung:

- Ein Interview zu einem bestimmten Fachinhalt wird vorgetragen.
- Die Schüler machen sich Notizen zu Argumenten (evtl. pro und kontra) sowie zu Fragen, die im Laufe des Unterrichts geklärt werden sollen.

Beispiel:

Ein fiktives Interview mit Demokrit

Reporter: Herzlich Willkommen! Würden Sie sich bitte unseren Zuhörern erst einmal vorstellen?

Demokrit: Sehr gerne. Mein Name ist Demokrit. Ich wurde ca. 460 v. Chr. geboren und werde noch bis 370 v. Chr. leben.

Reporter: Danke. Nun zur Sache: Wie stehen Sie zu den bisher genannten Vorstellungen der Grundelemente?

Demokrit: Nun ja, die Vorstellung von den vier Grundelementen Feuer, Wasser, Erde Licht ist ja schon sehr alt. Ich denke allerdings, dass diese Vorstellung nicht korrekt ist. Vieles, was in der Natur passiert, lässt sich mit diesen Urstoffen und ihrer Vermischung nicht erklären.

Reporter: Was halten Sie von der Vorstellung des Anaxagoras?

Demokrit: Dem kann ich auch nicht so ganz zustimmen. Ich bin zwar auch der Ansicht, dass alles in der Natur aus kleinen Bausteinen zusammengesetzt ist. Allerdings denke ich nicht, dass diese kleinen Bausteine noch die gleichen Eigenschaften wie der gesamte Stoff haben. Sie verstehen? [Pause] Nehmen Sie zum Beispiel die Flüssigkeit „Wasser". Wie ist diese aufgebaut? …

Weitere Hinweise:

- Es kann sich um fiktive oder reale Interviews handeln.
- Folgende Interviewformen sind vorstellbar:
  - Fernsehinterview
  - Radiointerview
  - Interviewskript
  - Interview aus den Online- oder Printmedien
- Es kann sinnvoll sein, ein Interview zu kürzen oder nur Teile davon zu verwenden.

Vorwissen aus der vorangegangenen Stunde

Lückentext auf Tafel oder Folie, Schlüsselwörter auf Folien- oder Papierstreifen

Welche Schlüsselworte sind für den Unterrichtsinhalt entscheidend?

Durchführung:

- Ein Lückentext als Zusammenfassung der vorangegangenen Stunde steht als Folie oder an der Tafel zur Verfügung.
- Die Schüler lesen sich den Text durch und versuchen, ihn sinnvoll zu ergänzen.
- Der Text wird abgedeckt und jeder Schüler gibt seinem Nachbarn wieder, was er behalten hat.

Beispiel:

Werden Zink und ________________ miteinander vermischt und an einer Stelle kurz ________________, reagieren sie heftig. Man sieht deutlich, dass bei dieser ________________ Reaktion ________________ frei wird.

Es handelt sich also um eine ________________ Reaktion. Damit die Reaktion in Gang gesetzt wurde, hat ein glühender Draht am Anfang die sogenannte ________________ geliefert.

(Lösung: Schwefel – erhitzt – chemischen – Energie – exotherme – Aktivierungsenergie)

Weitere Hinweise:

- Zur Differenzierung können Schlüsselwörter bei Bedarf bereitliegen (als Folienstreifen neben dem Overheadprojektor bzw. als Papierstreifen hinter der Tafel).
- Zusätzliche Bildimpulse erleichtern das Finden der Schlüsselwörter.

keine bestimmten Vorkenntnisse

farbige Kreide, ggf. DIN-A3-Blätter

Was verbinde ich mit einem bestimmten Thema?

Durchführung:

- Ein Hauptbegriff/Thema wird in die Mitte der Tafel geschrieben und umrahmt.
- Die Schüler schreiben nun ihre Assoziationen (Gedanken, Gefühle, Erinnerungen oder Ideen) zum Thema an die Seiten der Tafel.
- Die einzelnen unterschiedlichen Inhalte werden nun dem Thema zugeordnet und optisch hervorgehoben (Farbe, Umrandungen, Unterstreichungen).
- Unterpunkte zu den unterschiedlichen Inhalten werden durch Verzweigungen gekennzeichnet.

Beispiel:

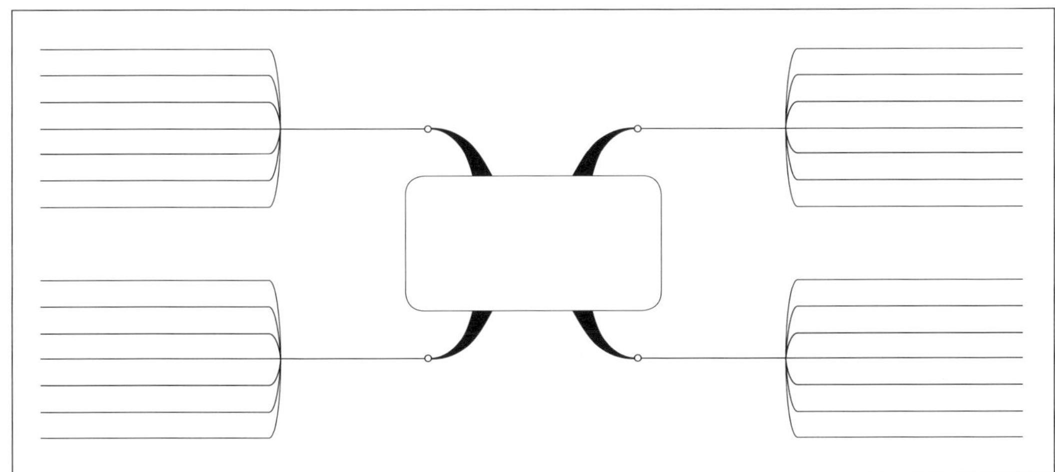

Weitere Hinweise:

Eine höhere Schüleraktivität wird erreicht, wenn Mindmaps in Gruppen erstellt werden. Dazu wird das Hauptthema in die Mitte eines DIN-A3-Blattes (oder größer) geschrieben. Neben Begriffen können die Schüler ihre Ideen und Assoziationen in Zeichnungen festhalten.

Die Schüler sollten bereits unterschiedliche Experimente kennengelernt haben.

CD-Player, Musik-CD, Zeichenblatt und Stifte pro Schüler

Welches Experiment stellst du dir bei der Musik vor?

Durchführung:

- Der Lehrer spielt einen Titel oder mehrere unterschiedliche Musikstücke vor.
- Die Schüler fertigen zu jedem Musikstück eine Grobskizze an (chemische Bezüge/Assoziationen).
- Nach dem letzten Musikstück vergleichen die Schüler in Kleingruppen ihre Zeichnungen und erklären die Experimente.

Beispiele:

- leichte Gitarrenmusik – Tropfen in eine Lösung, Farbänderungen
- Mozart – sprudelnde Reaktion
- Händel/schnelle Popmusik – Feuerwerk
- Vivaldi – Reaktionen mit Wasser
- Polka – Verbrennungen
- Rockmusik – Explosionen

Weitere Hinweise:

- Verwenden Sie unterschiedliche Musikstile, um verschiedene Assoziationen anzuregen.
- Es gibt keine richtigen oder falschen Assoziationen, aber eine gewisse Leitung der Gedanken.

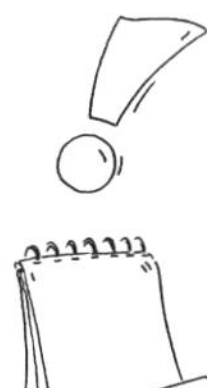
keine bestimmten Vorkenntnisse

audiovisuelle Medien, Wörterliste

Wie setze ich die Chemie in einen Rap um?

Durchführung:

- Die Schüler erhalten den Auftrag, Grundaussagen zur Chemie aus einem Rap zu entnehmen.
- Ein Chemie-Rap wird durch den Lehrer oder (noch besser) einen Schüler vorgetragen.
- Die Schüler notieren sich die Grundaussagen des Raps.
- Mithilfe einer Begriffsliste erhalten die Schüler den Auftrag, selbst eine kleine Strophe eines Chemie-Raps zu dichten.

Beispiel:

siehe http://www.gyle.de/wordpress/media/2008/09/Chemie-Rap.pdf

Weitere Hinweise:

- Die kurzen Strophen werden eingesammelt und von freiwilligen Schülern zu Hause als Gesamt-Rap eingeübt.
- Als Begriffsliste kann das Glossar oder das Inhaltsverzeichnis des Chemiebuchs verwendet werden.

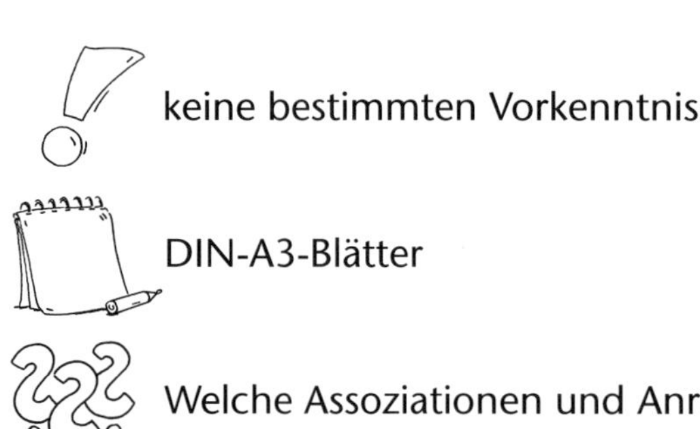

keine bestimmten Vorkenntnisse

DIN-A3-Blätter

Welche Assoziationen und Anregungen erhältst du?

Durchführung:

- In der Klasse werden mehrere DIN-A3-Blätter verteilt.
- Auf jedem Bogen wird ein anderer Begriff festgehalten.
- Die Schüler gehen nun von Bogen zu Bogen und notieren darauf als Wort oder Zeichnung, was sie mit dem Begriff verbinden.
- Mit der Zeit füllt sich jeder Papierbogen. Nicht nur der Anfangsbegriff, sondern auch die Assoziationen der Mitschüler führen zu weiteren Anregungen, etwas zu notieren.
- Im Anschluss kann ein Assoziogramm oder eine Mindmap erstellt werden.

Beispiel:

Weitere Hinweise:

- Lassen Sie die Schüler in eine Richtung laufen.
- Geben Sie den Hinweis, dass bei fehlender Idee einfach zum nächsten Bogen weitergegangen werden kann.

keine bestimmten Vorkenntnisse

Zeitungsartikel

Was berichten Zeitungsartikel über die Chemie?

Durchführung:

- Lehrer und/oder Schüler bringen Zeitungsartikel mit und tragen hieraus vor.
- Die Schüler äußern sich, wie sie den dargestellten Vorfall erklären oder formulieren Fragen, die im Unterricht beantwortet werden sollen.

Beispiel:

zur Thematik „Umgang mit brennbaren Flüssigkeiten"

24. Mai 2018, Kassel

Verletzter Schüler im Chemieunterricht durch Explosion

Am Freitag vergangener Woche sind in Kassel ein Chemielehrer und drei Schüler verletzt worden. Ursache war eine Explosion während eines Experiments.

Kassel. Während eines Demonstrationsversuches eines Lehrers in der neunten Klasse der Gesamtschule gab es einen großen Knall. Der Klassenraum wurde durch eine Explosion erschüttert und verletzte neben dem Lehrer auch drei Schüler, die in der Nähe des Versuchsaufbaus saßen. [...] Es konnte noch nicht eindeutig geklärt werden, was die heftige chemische Reaktion ausgelöst hat. [...] Gemäß eines Verantwortlichen der Feuerwehr wurde leicht entzündliches Benzin verwendet. „Es wurde wahrscheinlich ein Gemisch von Benzin und Luft hergestellt.", äußerte ein Sprecher. Schüler berichteten, dass verschiedene Benzin-Luft-Gemische ausprobiert wurden, um zu verdeutlichen, welches Mischungsverhältnis am effektivsten für die Verbrennung in einem Motor ist.

Weitere Hinweise:

- Sammeln Sie aufmerksam Zeitungsartikel.
- Sie können den Schülern auch eine Sammlung von Zeitungsartikeln geben, die dann hinsichtlich verschiedener Aspekte (z. B. Sicherheit, chemische Reaktionen) ausgewertet werden.

Grundkenntnisse zum jeweiligen Themengebiet

Folie mit Fußballfeld (jede Hälfte in drei Teile unterteilt), kleine Folie mit Fußball, Münze, Overheadprojektor

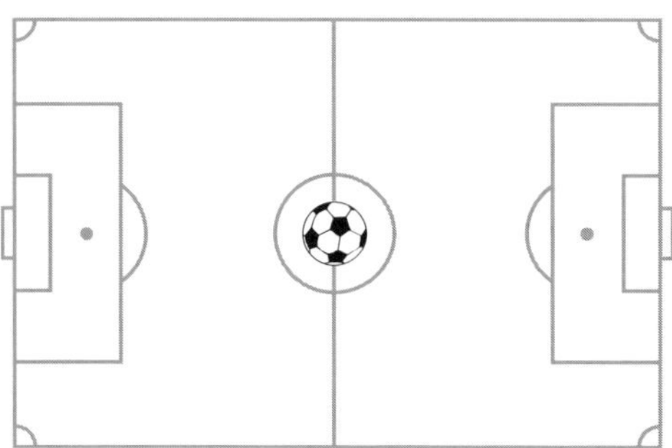

Wer gibt die treffenden Antworten?

Durchführung:

- Über Overheadprojektor wird ein Fußballfeld an die Wand projiziert.
- Es werden zwei Teams gebildet. Jedes Team wählt einen Kapitän, der Sprecher ist.
- Das Ziel eines Teams ist es, durch korrekte Antworten den Ball ins gegnerische Tor zu treiben.
- Wie beim richtigen Fußballspiel wird mit einer Münze ausgelost, wer den Anstoß hat.
- Das Team mit Ballbesitz erhält eine Frage. Bei richtiger Antwort darf der Ball in den nächsten Bereich gelegt werden, bis er schließlich im Tor landet.
- Wird eine falsche Antwort gegeben, erhält das andere Team den Ball und darf die nächste Frage beantworten.

Weitere Hinweise:

- Je mehr Bereiche eine Spielfeldhälfte besitzt, desto länger dauert es bis zu einem Tor.
- Als Alternative, ohne erarbeitetes Wissen zu erfragen, können die Schüler auch Assoziationen zu einem Fachbegriff nennen. Dann benötigt jede Spielhälfte mindestens sechs Bereiche und die Zeit sollte begrenzt werden.
- Als „Torwart-Regelung" könnten beim letzten „Schuss" beide Teams antworten. Ist das abwehrende Team schneller, wird der Ball wieder in die Spielfeldmitte gesetzt.

Grundkenntnisse zum jeweiligen Themengebiet

Folie (oder Poster oder PC und Beamer), Buzzer
Bei Verwendung von Folien oder Postern werden die Bilder mit mehreren Papierstreifen abgedeckt.

Wie schnell erkennst du den chemischen Begriff bzw. Gegenstand?

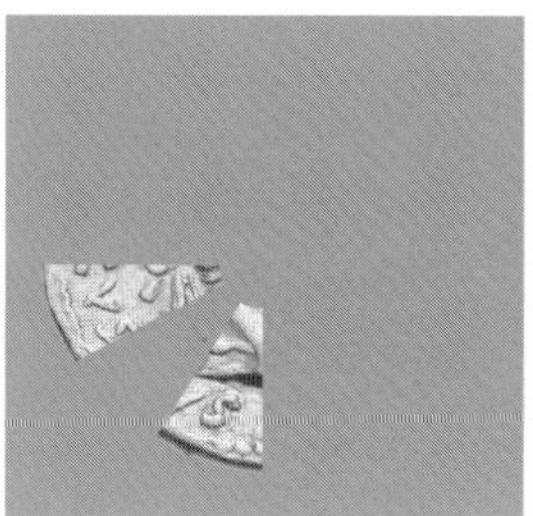 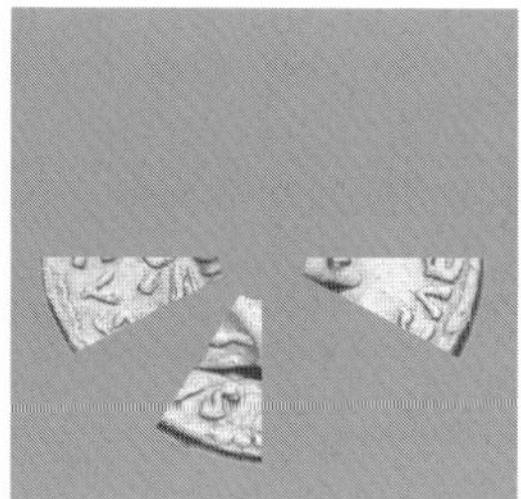 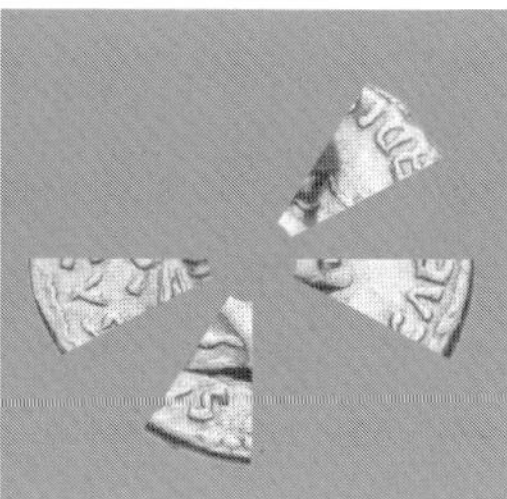 

Durchführung:

- Es werden vier Gruppen gebildet.
- Jede Gruppe stellt einen Gruppensprecher, der einen Buzzer o.ä. erhält.
- Nun werden langsam Teile des Bildes geöffnet.
- Derjenige, der seinen Buzzer zuerst betätigt, darf das Bild erraten.
  Bei richtiger Antwort erhält die Gruppe Punkte (je früher das Bild erraten wird, desto mehr Punkte gibt es). Bei falscher Antwort ist die Gruppe für das zu erratene Bild ausgeschieden.
- Wer die meisten Punkte hat, ist Sieger.

Beispiele:

- Laborgeräte
- Chemische Elemente in Alltagsgegenständen
- Metalle/Nichtmetalle
- Chemische Verbindungen in Struktur oder Modell

6.3 Domino

ca. 3–5 Min. | ab Kl.

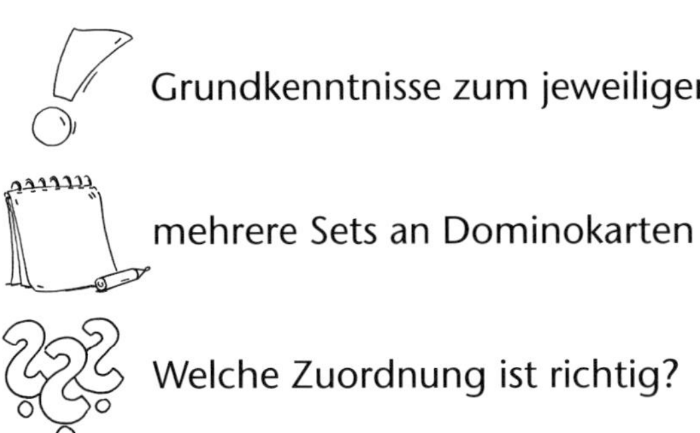

Grundkenntnisse zum jeweiligen Themengebiet

mehrere Sets an Dominokarten

Welche Zuordnung ist richtig?

Durchführung:

- Es werden mehrere Gruppen (je nach Anzahl der Domino-Sets) gebildet.
- Jede Gruppe erhält ein Set an Dominokarten, die nun in kurzer Zeit so zusammengelegt werden sollen, dass die Begriffe zusammenpassen.
- Die Gruppe, die zuerst alles richtig zugeordnet hat, ist Sieger.

Beispiel:

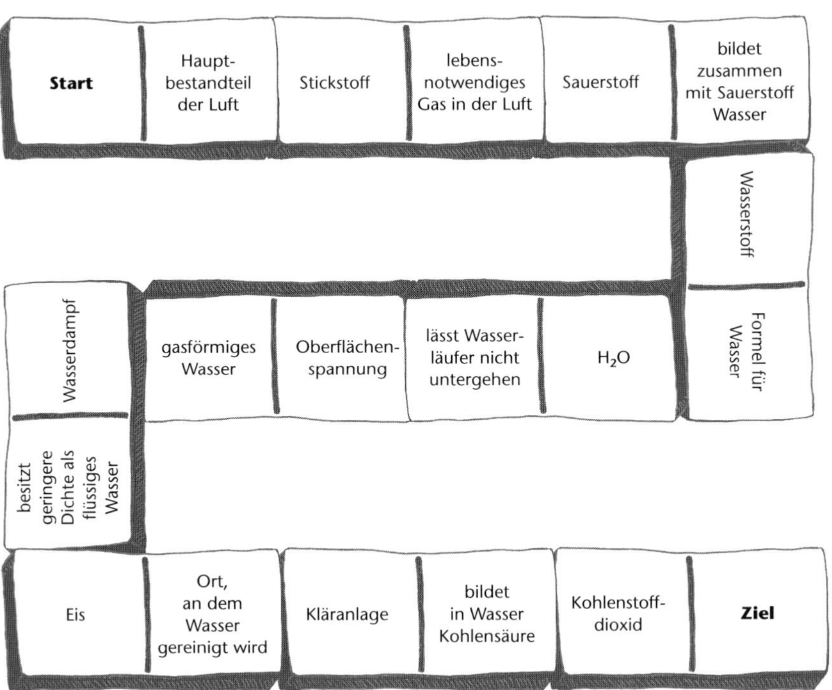

Weitere Hinweise:

Das Domino kann auf Gruppentischen oder an der Tafel (mit größeren Karten) gespielt werden.

Das Spiel an der Tafel ermöglicht eine anschließende Diskussion über Fehler und deren Ursachen.

keine bestimmten Vorkenntnisse

Tafel

Errätst du den Begriff?

Durchführung:

- Der Lehrer zeichnet für jeden Buchstaben eines zu erratenden Begriffes einen Unterstrich an die Tafel.
- Die Klasse wird in zwei bis vier Gruppen geteilt.
- Die erste Gruppe nennt einen Buchstaben, den sie im Wort vermuten.
- Ist der erfragte Buchstabe im Wort enthalten, wird er an alle richtigen Stellen geschrieben und die Gruppe darf weiterraten.
- Ist der Buchstabe falsch, wird Schritt für Schritt ein Versuchsaufbau gezeichnet.
- Wird das ganze Wort erraten, erhält die Gruppe so viele Punkte, wie noch zu erratende Buchstaben übrig geblieben sind.
- Nach einem falschen Wort wird der Versuchsaufbau um zwei Schritte weitergezeichnet.

Weitere Hinweise:

- Die Zeichenrolle kann auch von Schülern übernommen werden.
- Variieren Sie in den Zeichnungen – das erhöht die Spannung!

Grundkenntnisse zum jeweiligen Themengebiet

JA-Schild, NEIN-Schild, 2 Stühle (alternativ: Gegenstände zum Ergreifen, z. B. Stofftiere)

Welches ist die richtige Wahl?

Durchführung:

- Es werden zwei Gruppen gebildet, die sich an einem Ende des Raums nebeneinander in zwei Reihen aufstellen.
- Am anderen Ende des Raumes stehen zwei Stühle, die mit JA bzw. NEIN gekennzeichnet sind.
- Der Lehrer gibt eine Aussage vor, die richtig oder falsch ist.
- Nach Kommando (durch einen Schüler) rennt der Erste der jeweiligen Gruppe zu den Stühlen. Meint er, dass die Aussage richtig ist, setzt er sich auf den JA-Stuhl. Vermutet er, dass die Aussage falsch ist, setzt sich auf den NEIN-Stuhl.
- Wer auf dem richtigen Stuhl sitzt, erhält für seine Gruppe einen Punkt.
- Die Gruppe mit den meisten Punkten gewinnt.

Beispiel:

Handelt es sich um eine chemische Reaktion?

- Verbrennen von Holz: JA
- Schmelzen von Aluminium: NEIN
- Herstellen einer Salzlösung: NEIN
- Explosion des Benzin-Luft-Gemisches im Motor des Autos: JA
- Sauerwerden von Milch: JA
- Destillation eines Weines: NEIN
- Verdauung von Speisen im Körper: JA
- Rosten von Eisenblech: JA
- Feilen von Eisenblech: NEIN
- Sublimation von Iod: NEIN

Weitere Hinweise:

Das Spiel kann sehr körperbetont sein. Stellen Sie die Stühle aus Sicherheitsgründen nicht zu nah aneinander und zudem nicht zu nah an die Tafel.

Als Alternative zu den Stühlen könnten auch Gegenstände (z. B. Stofftiere) zum Ergreifen verwendet werden. Jeder Gegenstand hat dann entweder eine JA- oder eine NEIN-Funktion.

Grundkenntnisse zum jeweiligen Thema

Memory®-Sets (Menge je nach Anzahl der Gruppen)

Was gehört zusammen?

Durchführung:

- Die Schüler setzen sich in Gruppen an einen Tisch. Jede Gruppe erhält ein Set an Karten.
- Abwechselnd drehen die Schüler je eine Karte von jeder Farbe um.
- War die Zuordnung richtig, so kann das Pärchen offen liegen gelassen werden oder der Spieler erhält die Karten.
- Nach einer festgesetzten Zeit gibt jede Gruppe bekannt, wie viele Pärchen gefunden wurden.

Beispiele:

- Laborgeräte und Fachnamen
- Gefahrensymbole und ihre Bedeutung
- Stoffgemische und Trennungsmethoden
- Chemische Elemente und ihre Verwendung
- Modelle von Alkanen und ihre Summenformel

Weitere Hinweise:

Zur schnelleren Selbstkontrolle, ob die Pärchen richtig zugeordnet sind, können die Karten an einer Ecke auch mit Zahlen oder Symbolen versehen werden.

Tipps zur Herstellung der Memory®-Karten:

- Erstellen Sie eine Tabellenvorlage mit gleich großen Feldern.
- Schreiben Sie Fachbegriffe in die Felder. Analog dazu fügen Sie in eine zweite Tabelle die dazugehörigen Bilder ein.
- Drucken Sie die Tabellen aus und kleben Sie diese auf farbig unterschiedlichen Zeichenkarton. Laminieren Sie diese Seiten anschließend und schneiden Sie die Karten aus.

6.7 Montagsmaler

ca. 6 Min. | ab Kl. 7

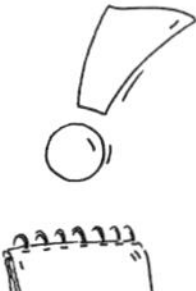

Grundkenntnisse zum jeweiligen Themengebiet

5 Kärtchen mit Fachbegriffen, ggf. Overheadprojektor, Folie, Folienstift

Findest du passende Fachbegriffe zu Zeichnungen?

Durchführung:

- Es werden zwei Gruppen gebildet.
- Jede Gruppe wählt einen Zeichner.

Variante A:

- Der Zeichner hat 3 Minuten Zeit, möglichst viele Fachbegriffe zeichnerisch darzustellen (an der Tafel). Die Mitschüler der Gruppe versuchen, diese Begriffe zu erraten.

Variante B:

- Der Zeichner nimmt vom Kartenstapel eine Karte und versucht, den Begriff in eine Zeichnung umzusetzen (an der Tafel). Die Mitschüler der Gruppe versuchen, den jeweiligen Fachbegriff zu erraten.
- Die Gruppe, die in kürzester Zeit alle Begriffe erraten hat, hat gewonnen.

Beispiel:

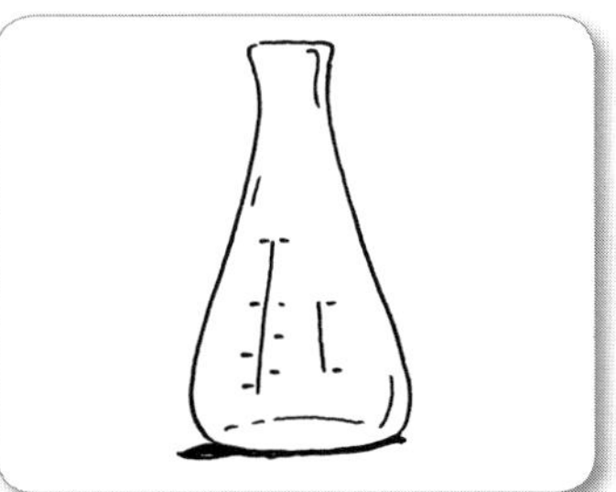

Weitere Hinweise:

- Alternativ kann man auf eine Gruppenbildung verzichten. Dann fängt ein Schüler zu zeichnen an (an der Tafel oder auf Folie mit Overheadprojektor). Wer den Begriff errät, darf als nächster zeichnen.
- Damit alle zum Zeichnen kommen, kann sich eine Phase anschließen, in welcher die verwendeten Begriffe in einem größeren Zusammenhang gezeichnet werden (z. B. in Versuchsskizze).

Grundkenntnisse zum jeweiligen Themengebiet

Karten mit Fragen, Folie, Folienstift, Poster, Klebepunkte

Wer errät die richtige Antwort?

Durchführung:

- Der Lehrer nimmt seine Fragekärtchen und stellt die erste Frage. Alternativ zeichnet er auf Folie einen Begriff oder zeigt ein Poster mit einer vielfachen Vergrößerung eines Elementes/Stoffes/Gegenstandes.
- Der Schüler, der als erster die richtige Antwort gibt, erhält einen Punkt und darf das nächste Rätsel stellen.
- Der Schüler mit den meisten Punkten darf sich Rätsel-Chemiker nennen.

Beispiele:

zur Thematik „Chemische Elemente":

Frage:
Welches Element hat die geringste Dichte? (Wasserstoff)

Weitere Hinweise:

- Halten Sie Blankokarten bereit und sammeln Sie zu jeder Unterrichtseinheit Fragen.
- Nutzen Sie die Kartensammlung auch in Freiarbeitsstunden.

Grundkenntnisse zum jeweiligen Themengebiet

–

Was wird durch die Mitschüler abgebildet?

Durchführung:

- Es werden je nach Aufgabe kleinere oder größere Gruppen gebildet.
- Jede Gruppe erhält eine Karte, auf welcher steht, was sie körperlich darstellen sollen.
- Nach einer kurzen Besprechung in den Gruppen wird die erste Gruppe aufgerufen, ihr Standbild zu erstellen. Einer der Gruppe ruft „Stand", wenn das Bild fertig ist.
- Die Schüler der anderen Gruppen erraten, was dargestellt wurde. Hierzu können sie zunächst den Begriff notieren.

Beispiele:

- Darstellung von Atommodellen
- Isomere von Alkanen
- Molekülbildung
- einfache chemische Reaktionen
- Versuchsaufbauten

Weitere Hinweise:

Geben Sie klare Zeit-, Verhaltens- und Lautstärkevorgaben, damit die Gruppenphase überschaubar bleibt.

Grundkenntnisse über Eigenschaften von Elementen

Papierstreifen mit Stoffeigenschaften, 2 Steckbrief-Vorlagen

Welche Stoffeigenschaften haben die Elemente?

Durchführung:

- Die Klasse wird in Kleingruppen eingeteilt.
- Jede Kleingruppe erhält zwei Steckbrief-Vorlagen sowie Papierstreifen mit Informationen von zwei Elementen.
- Die Informationen zu den Elementen sollen nun richtig zugeordnet werden.

Beispiele:

Schwefel – S – hellgelb, nichtmetallisch, spröde – in Reinform geruchlos – in Wasser nicht löslich – Schmelzpunkt: 119 °C – Siedepunkt: 444,6 °C – verbrennt mit einer blauen Flamme – zur Herstellung von Zündhölzern, Arzneimitteln, Gummi, Farbstoffen, Schießpulver

Eisen – Fe, grau-schwarz, metallisch glänzend – in Wasser nicht löslich – geruchlos – Schmelzpunkt: 1538 °C – Siedepunkt: 2861°C – brennt als Wolle mit Funken – zur Her- Hauptbestandteil von Stahl, stellung von Landfahrzeugen, Schiffen und im gesamten Baubereich (Stahlbeton)

Elementname: ____________________

Elementsymbol: ____________________

Farbe: ____________________

Geruch: ____________________

Löslichkeit in Wasser: ____________________

Schmelzpunkt: ____________________

Siedepunkt: ____________________

Brennbarkeit: ____________________

Verwendung: ____________________

____

____

6.11 Tabu

Grundkenntnisse zu den jeweiligen Fachbegriffen

Karten mit jeweils einem fettgedruckten, zu erklärenden Begriff sowie 4 „Tabu"-Wörtern, die nicht verwendet werden dürfen

Kannst du Fachbegriffe umschreiben?

Durchführung:

- Ein Schüler nimmt vom Kartenstapel die oberste Karte und liest (ohne zu sprechen) den Oberbegriff.
- Er versucht nun, den Begriff zu umschreiben, ohne die „Tabu"-Wörter zu benutzen, die unter dem Oberbegriff stehen.
- Wer den Begriff erraten hat, darf den nächsten Begriff umschreiben.
- Wenn der Begriff nach einer festgelegten Zeit nicht erraten wird, wird er genannt und die nächste Karte gezogen.

Beispiele:

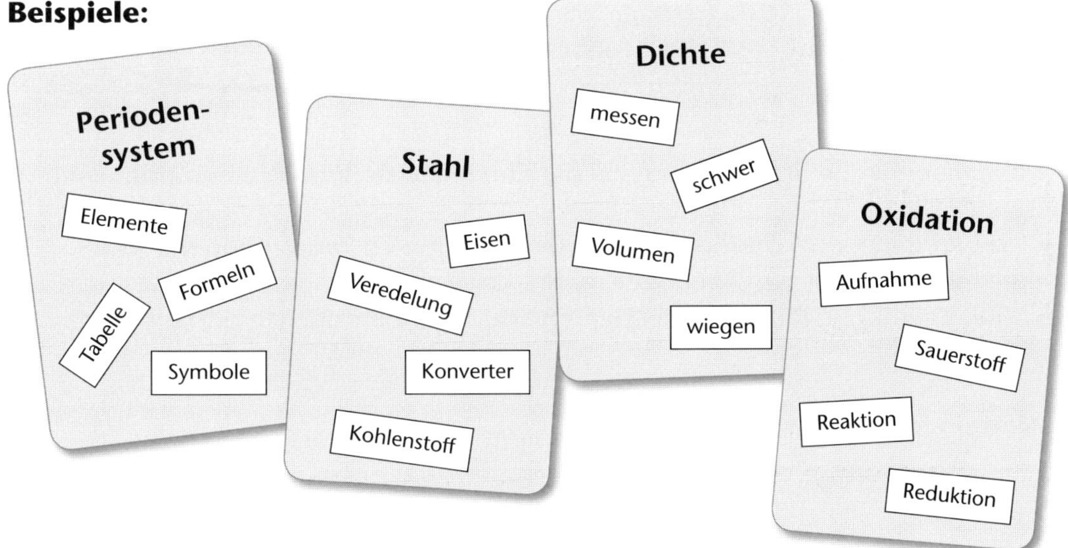

Weitere Hinweise:

- Führen Sie kurz zum Spiel hin, z. B. durch ein Brainstorming zur Thematik.
- Das Spiel lässt sich auch in Gruppen spielen.
- Zur Vertiefung in die Thematik können die Schüler im Anschluss eigene Karten entwickeln.

Grundkenntnisse zu Fachbegriffen

Begriffsliste mit Erklärung, z. B. Glossar des Chemiebuchs

Welcher Fachbegriff passt zur Umschreibung?

Durchführung:

- Vier bis fünf Schüler stehen in einer Ecke des Raumes.
- Der Lehrer (oder ein Schüler) liest eine Erklärung eines Fachbegriffes vor.
- Wer von den mitspielenden Schülern den Begriff erkennt, meldet sich – der Erste darf ihn nennen. Ist der Begriff richtig, so läuft er zur nächsten Ecke. Ist er falsch, kann ein anderer Schüler den Begriff nennen.
- Der Schüler, der am weitesten gelangt, ist der „Kopf der Vokabelschlange". Erreicht er den Letzten (den „Schlangenschwanz"), ist das Spiel beendet.

Beispiele:

- eine spezifische Stoffeigenschaft, die durch Masse und Volumen bestimmt wird: Dichte
- der Vorgang vom gasförmigen in den flüssigen Zustand: Kondensieren
- ein Teilchen, das aus zwei oder mehreren Atomen besteht: Molekül
- eine chemische Reaktion, bei der eine neue Verbindung hergestellt wird: Synthese

Weitere Hinweise:

- Geben Sie einem oder zwei Schülern die Beobachterrolle. Sie haben die Aufgabe, festzustellen, wer sich am schnellsten gemeldet hat.
- Als Variante kann derjenige, der eine falsche Antwort gegeben hat, in die vorherige Ecke zurückgehen.
- Sie müssen nicht alle Geräte vorgeben, die Schüler sollen auch selbst überlegen, welche Geräte sinnvoll sind.

Grundkenntnisse zu Stoffen und Stoffeigenschaften

Steckbriefe zu Elementen oder Stoffen

Wie können Stoffe definiert werden?

Durchführung:

- Der Lehrer oder ein Schüler übernimmt die Rolle eines Elementes/Stoffes, hierzu nutzt er einen Steckbrief.
- Die Klasse wird in vier Gruppen mit je einem Gruppensprecher eingeteilt oder es stellen sich vier Schüler zur Verfügung.
- Die Schüler stellen Ja/Nein-Fragen zu Merkmalen, Stoffeigenschaften, chemischen Reaktionen etc., um sich dem Namen des Stoffes anzunähern.
- Wird eine Frage mit Ja beantwortet, darf dieser Schüler eine weitere Frage stellen. Bei einer Negation ist der nächste Schüler mit seiner Fragestellung an der Reihe.
- Der Schüler, der den Namen des Elementes bzw. Stoffes nennt, darf die nächste Karte ziehen.

Beispiel:

(*E:* Element/Stoff, *S1* bis *S4:* fragende Schüler)

S1: Bist Du ein Metall?
E: Nein.
S2: Also gehe ich recht in der Annahme, dass du ein Nichtmetall bist.
E: Ja.
S2: Bist du bei Zimmertemperatur gasförmig?
E: Nein.
S3: Dann bist du bestimmt fest.
E: Auch nicht.
S4: Bleibt also nur noch eins übrig – du bist flüssig. Kann man dich genießen?
E: Ja.
S4: Bist du eine Verbindung aus mehreren Elementen?
E: Ja.
S4: Bist du vielleicht Wasser?
E: Genau!

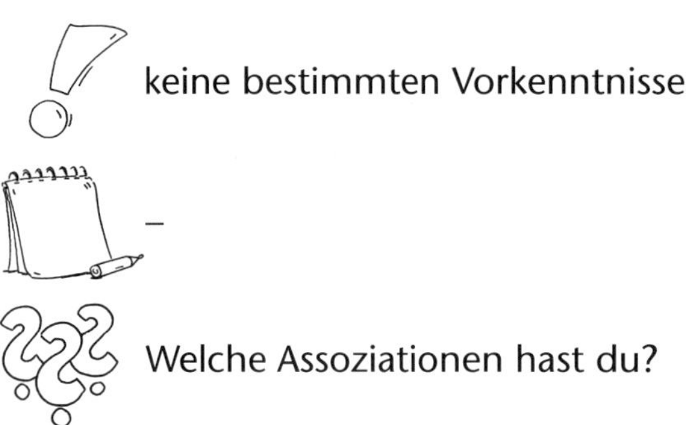

keine bestimmten Vorkenntnisse

–

Welche Assoziationen hast du?

Durchführung:

- Die Klasse wird in vier Stuhlkreise aufgeteilt.
- Der Lehrer (oder ein Schüler) gibt einen Fachbegriff zur Thematik vor.
- Reihum äußern die Schüler eine Assoziation zum Fachbegriff. Fällt einem Schüler nichts mehr ein, wird er Zuhörer.
- Wer nach einer festgelegten Zeit noch in der Sprecherrolle ist, gehört zu den Gewinnern.

Beispiel:

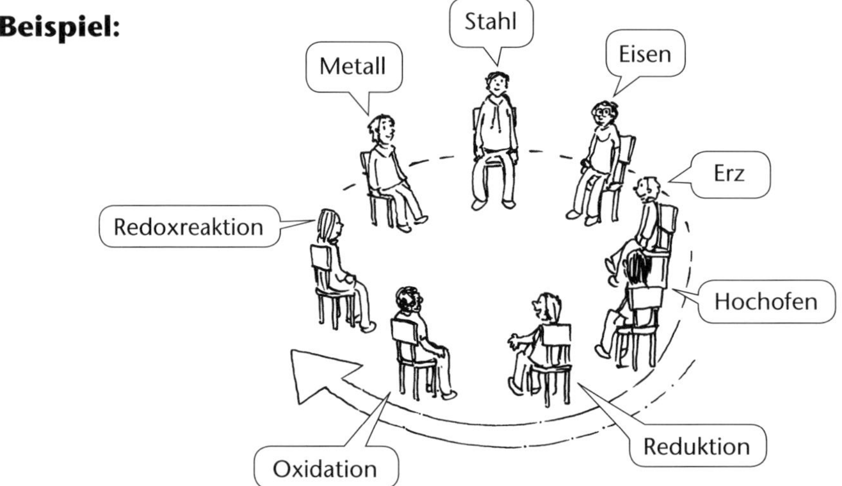

Variante: Feuer – Rauch – Hitze – Entzündungstemperatur – Ruß – Sonne – Erwärmung – Glut – trocken …

Weitere Hinweise:

- Der Vorteil gegenüber einer Wortkette im Plenum ist eine höhere Schülerbeteiligung.
- Als Variante kann der letzte Buchstabe eines genannten Wortes als Anfangsbuchstabe eines nachfolgenden Begriffes verwendet werden.

Index

Einstieg	Seite	Chemie im Alltag	Grundwissen	Argumentation/Hypothesenbildung	Versuche und Versuchsaufbauten	Medien	Spiele
A, B, C	6	×	×				
Acrostichon	14		×				
Alltagsphänomen	7	×					
Anekdote	8	×					
Bingo	15		×	×			×
Blitzlicht	9	×				×	
Brainstorming	10	×		×			
Chemie-Fußball	48		×				×
Cartoon/Comic	33			×		×	
Dalli-Klick	49	×	×			×	×
Das passt zusammen!	20			×			
Diagramm	34					×	
Dialog	21			×			
Domino	50		×				×
Drehscheibe	22			×			
Fehlerstory	35					×	
Filmclip	36					×	
Folienpuzzle	26				×		
Foto	37					×	
Gedicht	38					×	
Hangman	51		×				×
Historischer Lehrervortrag	39					×	
Interview	40					×	
Ja-Nein-Stuhl	52		×				×
Labor-Missgeschick	27			×	×		
Landschaftsbau	11	×				×	
Lehrerversuch	29				×		
Lückentext	42					×	
Memory®	53		×				×